百读不厌的科学小故事

[韩] 具本哲　主编

唤醒
灭绝
的生物！

[韩] 徐智云　[韩] 赵显学　著

[韩] 朴淑英　绘

秦美玲　译

上海科学技术文献出版社

Shanghai Scientific and Technological Literature Press

未来的人才是创意融合型人才

翻阅这套书，让我想起儿时阅读爱迪生的发明故事。那时读着爱迪生孵蛋的故事，曾经觉得说不定真的可以孵化出小鸡，看着爱迪生发明的留声机照片，曾想象自己同演奏动人音乐的精灵见面。后来我亲自拆装了手表和收音机，结果全都弄坏了，不得不拿去修理。

现在想起来，童年的经历和想法让我的未来充满梦想，也造就了现在的我。所以每次见到小学生，我便鼓励他们怀揣幸福的梦想，畅想未来，朝着梦想去挑战，一定要去实践自己所畅想的未来。

小朋友们，你们的梦想是什么呢？由你们主宰的未来将会是一个什么样的世界呢？未来，随着技术的发展，会有很多比现在更便利、更神奇的事情发生，但也存在许多我们必须共同解决的问题。因此，我们不能单纯地将科学看作是知识，为了让世界更加美好、更加便利，我们应该多方位地去审视，学会怀揣创意、融合多种学科去思维。

我相信，幸福、富饶的未来将在你们手中缔造。

东亚出版社推出的"百读不厌的科学小故事"系列与我们以前讲述科学的方式不同，全书融汇了很多交叉学科的知识。每册书都通过生活中的话题，不仅帮助读者理解科学（S）、技术（TE）、数学（M）和人文艺术（A）领域的知识，而且向读者展示了科学原理让我们的生活变得如此便利。我相信，这套书将会给读者小朋友带来更加丰富的想象力和富有创意的思维，使他们成长为未来社会具有创意性的融合交叉型人才。

韩国科学技术研究院文化技术学院教授　具本哲

解开灭绝生物的秘密

　　恐龙是很久之前生活在地球上的、已经灭绝了的生物。现在我们只有通过光秃秃的骨化石，才能了解到恐龙的模样。人们第一次发现恐龙骨化石的时候，认为它们和其他的动物骨头没有什么不同。

　　但是，一些科学家们通过研究骨化石，开始推测和了解恐龙生活的远古时期地球的模样。经过很长时间的研究，他们了解到了恐龙下蛋等遍布海陆空的生活情况。通过恐龙牙齿的化石，推测出恐龙以吃什么为生。在此基础上，知道了很久之前生活在地球上的生物的种类。

　　随着科学技术的发展，科学家们通过分析恐龙的骨化石，了解到了它们生存的确切年代、当时地球的温度，以及自然环境和气候等。甚至，还可以推测出地球形成的过程。

　　恐龙的骨化石已经成为打开过去之门的时光穿梭机。

　　虽然只有很小的可能性，但是因为科学家们不言放弃、坚持不懈的努力，我们才能十分详细地了解几亿年前称霸地球的巨大生物——恐龙，并对它们产生亲近感。这正是科学的开始，也是发展的潜能。

　　本书不仅讲述了关于恐龙的知识，还讲述了从很小的线索开始，发现无限可能性的故事。

本书讲述了专注于挖掘恐龙骨化石的骨棒叔叔和前去探望叔叔并对化石产生浓厚兴趣的小星的故事。全书融汇了很多交叉学科的知识，给予了孩子们把科学、工业技术、数学、人文艺术领域的知识融合起来进行学习即综合思考的机会。

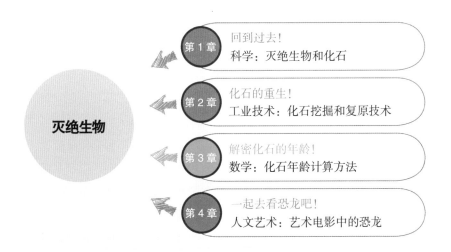

灭绝生物

第1章　回到过去！
科学：灭绝生物和化石

第2章　化石的重生！
工业技术：化石挖掘和复原技术

第3章　解密化石的年龄！
数学：化石年龄计算方法

第4章　一起去看恐龙吧！
人文艺术：艺术电影中的恐龙

恐龙是曾经生活在地球上的千千万万种灭绝生物的代表，它们是什么时候从地球上消失的呢？关于这些生物，人们知道多少呢？现在，让我们一一解开这些灭绝生物的秘密吧。

徐智云　赵显学

目　录

第1章　回到过去！

怪异的"骨棒叔叔" 2

曼特尔发现的石头 4

这块石头是化石？ 8

化石的形成 12

骨棒叔叔的研究手册：地层是如何形成的？ 16

骨棒叔叔的研究手册：化石是如何形成的？ 18

叔叔箱子中的化石 20

各种各样的化石 24

化石与地球历史 26

骨棒叔叔的研究手册：一目了然的地球历史 34

恐龙是如何生活的？ 36

骨棒叔叔的研究手册：草食性恐龙 38

骨棒叔叔的研究手册：肉食性恐龙 40

恐龙灭绝！ 42

本章要点回顾 46

第2章　化石的重生！

叔叔的帐篷 50

化石收集家——玛丽·安宁 52

要想挖掘化石 56

骨棒叔叔的研究手册：挖掘化石时需要准备的物品 58

挖掘恐龙化石！ 60

骨棒叔叔的研究手册：化石挖掘过程 66

解密恐龙的生活面貌！ 68

复原声音！ 72

了解地球过去的环境 74

韩国复原的恐龙 76

艰难的复原过程 78

本章要点回顾 80

第 3 章

解密化石的年龄！

化石告诉我们的事实 84

地层告诉我们的地球年龄 86

观察地层顺序，了解形成时期 88

放射性元素解密地层年龄 92

化石的年龄多大呢? 96

本章要点回顾 98

第 4 章

一起去看恐龙吧！

恐龙的出现 102

想象力塑造的恐龙 104

想象成真 108

电影里的恐龙 112

唤醒恐龙的人们 116

本章要点回顾 122

核心术语 124

回到过去！

第 1 章

怪异的"骨棒叔叔"

叔叔是一个神奇又怪异的人。

别提他有多怪异了，大家都叫他"骨头"或者"骨棒"。

叔叔之所以有这样一个奇怪的外号，完全是因为他所从事的职业。

叔叔是一名**古生物学家**，他四处寻找埋藏在地下的化石。为了寻找化石，叔叔曾经去过蒙古、欧洲、中国等许多（国家）和地方。所以我也叫他"**骨棒叔叔**"。一天，叔叔邀请我去韩国庆尚南道固城郡的一个化石挖掘基地。

在这样一个黄金般宝贵的假期里，不带我去惊险刺激的游乐园，反而要去一个无聊的化石挖掘基地，我别提有多不情愿了。

"唉，这么好的天气，竟然要去**化石挖掘基地**！"

但是，如果还想继续收到叔叔每年寄来的圣诞礼物和生日礼物，我别无选择，只好去固城见他。

"小星，你来了！"

灰头土脸的叔叔朝我打招呼。叔叔的样子让我觉得很没面子，我故意装作没看见。一般提到学者、专家，我们脑海里想到的都是西装革履、手拿厚书的形象，看起来又帅气，又有风度。但是，我的叔叔总是满身泥土，永远一心只顾低头看着地面。

"**找到了！**"

叔叔小心翼翼地从地下拿起一件东西。我用余光扫了一眼，忽然大吃一惊。因为叔叔从地下挖出来的竟然是一块骨头。

　　"天哪，这可是一个巨大的发现啊！"

　　叔叔激动地边跳边喊。

　　"这是什么骨头啊？"

　　"这是恐龙骨头的化石。大约 200 年前，吉迪恩·曼特尔第一次发现恐龙化石的时候，也会是这种心情吗？"

　　叔叔拿起一块奇怪的骨头，**激动得不能自已**。

　　"过去的人发现化石后，难道也会像叔叔一样这么开心吗？"

　　我不屑地问道。叔叔一副理所当然的表情，开始给我讲起故事来。

曼特尔发现的石头

"科学家中，有一个人只要看到骨头，就会疯狂至极。"

"切，真是荒唐。"

我撇了撇嘴，表示很不理解。那位一看到化石就失去理智的科学家名叫吉迪恩·曼特尔。

曼特尔原本是一名乡村医生。当时，乡村医生几乎没有什么工作。再加上本来村子就小，一周大约只会有一两名患者，十分清闲。有空的时候，曼特尔喜欢去村子里的后山散步，过着悠闲自在的日子。

据说，1822 年的一天，曼特尔的夫人走路的时候，捡到了一块**奇特的石头**。那块石头大约 5 厘米左右，尖尖的，看上去很锋利。曼特尔很想知道这块石头到底是什么。

怎么看都不像是普通的石头，倒是像动物的骨头……

曼特尔发现的化石

吉迪恩·曼特尔
英国医生、地质学家。
致力于研究英国萨塞克斯地区的中生代古生物。
1822 年，首次发现禽龙化石。

"那是什么？"

听我这么一问，叔叔**咕咚**咽了一下口水，回答道：

"曼特尔想，它不像是普通的石头，会不会是动物的骨头呢？于是，他专程去拜访了乔治·居维叶。居维叶是一位学识渊博的动物学家，在这个世界上，几乎没有他不知道的动物。可没想到，居维叶的回答简直让人大失所望。"

"他说什么了？"

"他说是犀牛的角。"

"是真的吗？"我疑惑地问道。

叔叔回答说："曼特尔也对居维叶的回答表示怀疑。犀牛的身体一般是3—5米长，如果那块石头是犀牛的角，那么这头犀牛的体型应该很小。但是，它看上去又不像是犀牛的牙齿。如果我们假设它是犀牛的牙齿，那么这头犀牛的体长应该远远超过10米。可这个世界上，根本没有那么大的犀牛。"

"那块石头究竟是什么？"

"曼特尔也很好奇，可惜除了他，大家对那块石头根本都不感兴趣。"

"所以，曼特尔放弃了吗？"

"怎么会！"

听说曼特尔带着那块石头，来到伦敦，拜访和请教了很多著名的学者。学者们看完之后，给出了各种答案。

"有的学者说是鱼的**牙齿**，有的学者说是狮子的牙齿，还有学者说像鸟的**指甲**。但是曼特尔并不认同他们的说法。因为他觉得那块石头根本就不像是动物的牙齿或指甲。然而学者们却对曼特尔百般嘲笑。"

哪怕是独自一人，曼特尔也要弄清楚这块石头是什么。为此，他查看了博物馆里所有的动物骨头标本，并一一地进行对比。

"曼特尔整天四处搜集信息，但还是未能找到答案。就在他几近绝望的时候，一天，他无意间听到博物馆的一位研究人员自言自语。这位研究人员看着曼特尔拿着的这块石头说，有点像自己在南非看见过的鬣蜥的牙齿。"

无论如何，我也要弄清楚这块石头究竟是什么。它和什么最相似呢？

这块石头是化石？

　　"曼特尔亲自核实了从南非带来的鬣蜥的牙齿。果不其然，石头的形状和**鬣蜥的牙齿**十分相似。"

鬣蜥的
牙齿

鬣蜥主要生活在墨西哥、中美洲、南美洲河边的树林里。它是一种大型的现代蜥蜴，体长大多为1—2米。

　　"真的是鬣蜥的牙齿吗？"

　　"很相似。"

　　"咦，这算什么回答啊？"

　　"你想想看，如果真是鬣蜥的牙齿的话，那么牙齿的主人体长应该在 10 米左右，是一个体型十分庞大的家伙。否则不可能有那么大的牙齿。但事实上，鬣蜥的体长最长也只有 2 米左右。"

"对呀！"

我**啪地**拍了下膝盖，大声说道。

"所以曼特尔提出了一个全新的假设，过去，地球上也许曾经生活着一种体型非常庞大的草食爬虫类生物。"

曼特尔给这种庞大的草食性爬虫类生物取名为**"禽龙"**。当时，人们认为曼特尔的假设荒谬至极，纷纷对他嗤之以鼻。

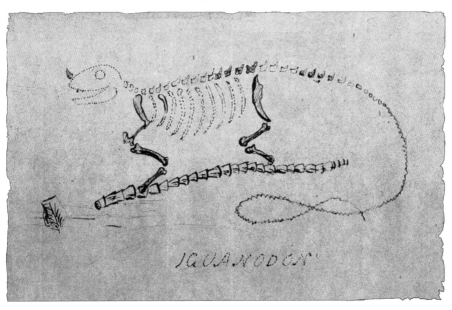

曼特尔以自己发现的化石为基础，提出了假设。他假想在地球上曾经生活着一种体型十分庞大的草食性爬虫类生物——"禽龙"，并画出了其假想图。

"曼特尔看到人们的反应后，感到很难过。他想，如果能再多发现几块这种巨型爬虫类生物的骨头，或许就可以证明自己提出的假设了。因此，曼特尔踏上了寻找骨头之路。就这样，有一天，牛津大学的威廉·巴克兰教授找到了他。巴克兰教授每餐必吃野生动物

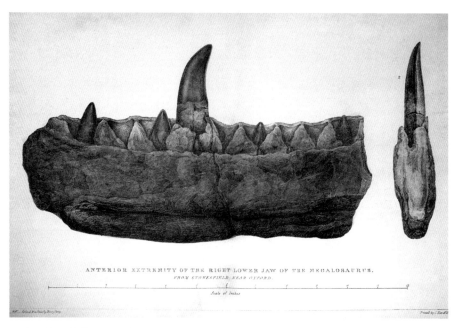

巴克兰发现的化石。巴克兰为揭开这块化石的真面目进行了研究。1824年，他为这块化石的主人取名为"巨齿龙（又名斑龙）"，并公之于世。

的肉，总之，是一个非常**怪异和奇特**的人。"

"他找曼特尔干什么？"

我眨着眼睛，不解地问道。

"巴克兰说，自己发现的骨头与曼特尔捡到的石头形状的东西，有可能来源于同一动物物种。曼特尔马上提出要看看那块骨头。"

"然后呢？"

"巴克兰邀请曼特尔来到自己的家，把在自家院子里捡到的巨大牙齿和颌骨拿给曼特尔看。巴克兰捡到的牙齿类似于蜥蜴牙齿，**尖尖的，像锯齿一样锋利**。"

"那些牙齿和颌骨究竟是什么呢？"

"巴克兰说那些牙齿和颌骨，是很久之前在地球上生活过的动物的化石。"

"化石？"

"是的，化石。"

我歪着脑袋问道：

"化石是什么？"

"化石是生物死亡之后、存留在地下的、被石化的生物遗体或遗迹。"

化石的形成

　　叔叔说，死去的生物，要想演变成化石，必须经历漫长的时间。然而，这并不是只要经过很长时间，就一定可以形成化石。

　　"化石是怎么形成的呢？"

　　我**歪着**脑袋向叔叔问道。

　　"想要形成化石，首先，生物死亡之后，必须被快速地埋藏在地下，避免其接触到风、水和细菌。然后，掩埋生物的泥沙等堆积物经过长时间的沉积，形成坚硬的地层。只有这样，生物才能在地层中被石化，逐渐演变成化石。因此，许多化石都是在容易形成沉积的河流或海洋中被发现的。

　　"化石埋藏在地下？那它岂不是和金子很像吗？"

　　听到我的话，叔叔**哈哈**大笑起来。

　　"金子只不过是被当作宝石使用的矿物罢了，化石中记载着地球悠久的历史，因此拥有更加特殊的意义。"

你看那边，沉积物堆积形成了地层。

那个地层里好像有化石！

沉积物在海洋、湖泊、河流底部堆积起来，形成平整的层。因此将泥土、沙粒、石块等沉积物层层堆积，形成的坚硬的层叫作"地层"。

很久很久之前就存在着化石，只是当时，人们没有想到化石是死去的生物形成的。古希腊哲学家亚里士多德看到化石后，竟然认为化石中生长着某种生物。过去的人们甚至还给化石喂食物和水，他们大概想不到化石只是块**石头**吧。

就这样，据说直到 15 世纪，著名的画家、学者——列奥纳多·达·芬奇最终弄清了真相。达·芬奇认为，**死去的生物**留在地层中，形成像石头一样坚硬的东西就是**化石**。经过长时间的潜心研究，达·芬奇终于将这一事实公之于世。

"我只知道列奥纳多·达·芬奇是名画家，原来他还是一位博学多才的学者啊。"

亚里士多德
古希腊伟大的哲学家、逻辑学家、诗人、科学家。奠定了西方哲学的基础，创立了三段论学说。

列奥纳多·达·芬奇
欧洲文艺复兴时期意大利著名的画家、雕刻家、建筑师，在众多领域中，拥有天才般的才华。

贝壳化石
像骨头或贝壳一样坚硬的部分很容易形成化石。

蕨类植物化石
像植物的花或叶子一样柔软的部分也能形成化石。

"是啊，多亏了达·芬奇，我们才知道生物的骨头、牙齿、爪子等坚硬的部分会变成像石头一样的化石。"

"哇，达·芬奇真是一位伟大的学者啊。"

"不过，达·芬奇却没有想到，像植物的叶子或茎干一样柔软的部分也可以形成化石。大量的泥土突然覆盖在死亡的生物上面，完全隔离氧气的话，生物**柔软**的部分也会形成化石。这个，我待会儿再仔细地告诉你。"

"想要形成化石，真是件不容易的事情啊。"

叔叔告诉我，想要形成化石，生物死亡之后，必须变得像石头一样坚硬。最重要的是，埋藏化石的地层不会发生地震或火山爆发等激烈的地壳运动。只有这样，化石才可以长时间地被保存下来。

"所以，经常发生地震或者是激烈的地壳运动的地层中，只存在着很少的化石。"

地层是如何形成的？

地层是泥土、沙粒、石块被搬运到一起，经过层层沉积，凝固而成的。

首先，让我们来了解一下地层形成的过程。然后，请大家亲自动手制作地层模型。

地层形成的过程

① 泥土、沙粒、石块被流动的水流搬运带入江河或者大海。

② 被搬运的物质随着水流速度的变缓，下沉并堆积在河流或海洋底部。

③ 被搬运的泥土、沙粒、石块继续下沉并堆积在之前形成的沉积层上。

④ 经过许多层的沉积，它们逐渐凝固、石化，最终形成地层。

制作地层模型

准备材料：塑料瓶、彩色沙粒、胶水、小刀

① 把塑料瓶洗净、晾干，用小刀从中间部分切开。

② 放入一种颜色的沙粒，压平。

③ 为了使沙层变得坚硬，倒入胶水，直到胶水完全渗入沙层中。

④ 完成③之后，接着放入另一种颜色的沙粒，压平，再次倒入胶水。然后，用同样的方法再次放入不同颜色的沙粒和胶水。

⑤ 不同颜色的沙粒层层堆积，变硬。这样，地层模型就制作完成了。

骨棒叔叔的
研究手册

化石是如何形成的？

化石是生物死亡之后，存留在地层中被石化的遗体或遗迹。

首先，让我们来了解一下化石形成的过程。然后，请大家亲自动手制作化石模型。

化石形成的过程

① 中生代时期，生活在陆地上的恐龙死亡之后，受到河流或海水的冲刷，被搬运到湖泊或大海中。

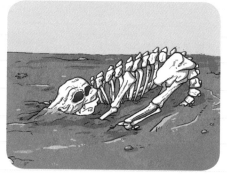

② 恐龙的遗体沉入湖泊或海洋的底部，沉积物在上面逐渐开始堆积。恐龙的肉体腐烂殆尽，只剩下骨骼。

③ 沉积物在水中不停地堆积，逐渐形成地层，恐龙骨骼在地层中被石化，便形成了化石。

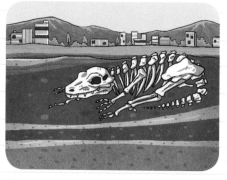

④ 随着陆地的"漂移"，水下的地层逐渐浮出地表。地层受到风雨的侵蚀，化石露出地表。

制作化石模型

准备材料：黏土、贝壳

① 把黏土压平。

② 把贝壳放在黏土上，用力向下按。

③ 把贝壳从黏土中取出来。

成功制作出
化石模型了吗？

④ 1—2 天过后，黏土变干、变硬。这样，
化石模型就制作完成了。

叔叔箱子中的化石

叔叔取出一个箱子，说要给我看一个神奇的宝贝。里面装着带有完整树叶图案的化石。

这是在韩国浦项发现的树叶化石。浦项的地层沉积形成于新生代时期。因此可以推测，这些树叶都是生长于新生代时期的树叶。

"连叶脉都保存得**栩栩如生**！"

"神奇吧？"

"这种化石是怎么形成的？"

"这是因为生物在地层中受到了特殊的力的作用。"

"特殊的力的作用？"

"是的，生物遗体被埋藏在地层当中，长期受到压力和热力的作用发生变化，生物的身体大部分变成了碳素。这时，碳素会像胶片一样，留下薄薄的、黑黑的痕迹。这样一来，像生物的肉体或者树叶一样柔软的部分也就形成了化石。

"哇，原来在地层中，还会发生这样**复杂**的变化！"

"当然了，多亏了地层中发生的这些变化，我们现在才能够看到化石。不过，这样的化石也只是生物的痕迹罢了，并不是生物本身形成的化石。除此之外，还有一些保持生物原有面貌的化石。"

"怎么会有那样的化石呢？"

"只有在能够保持生物遗体不腐烂的环境中，才有可能形成那样的化石。"

"什么样的环境才能做到呢？"

"例如，温度很低，生物死后，能够在肉体腐烂之前把它冻住。或是在没有氧气的真空状态，亦或是细菌无法存活的环境，才能够形成这种化石。"

"现实中有那样的环境吗？"

叔叔点点头，说道：

化石能够保持原有面貌被发现，这简直太罕见啦。

这些贝壳化石还保持着原有的形态呢！

贝壳化石

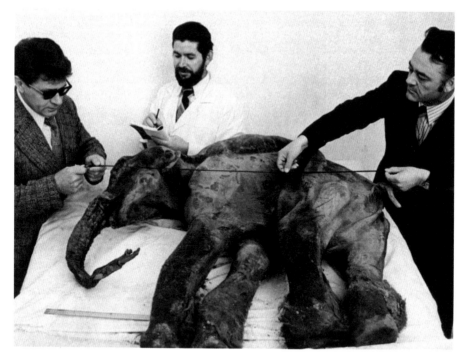

1977年在西伯利亚发现的猛犸象化石，包括体毛在内，保存仍十分完好，准确地展现了猛犸象的真实面貌。

　　"当然了。西伯利亚的冻土层中发现的**猛犸象化石**，很好地保持了原有的形态。猛犸象生活在大约 200 万年前，属于象科动物。这个猛犸象化石的嘴里，还残留着没来得及吞咽下去的植物叶子。因为被埋藏在冰冻的地层中，所以没有腐烂，被很好地保存下来。"

　　"能够看到很久之前生活在地球上的动物，真是太神奇了。"

　　"这正是化石的魅力。现在你知道叔叔为什么一看到化石就这么开心了吧？"

　　叔叔看着我，微微一笑，又继续讲述化石的故事：

　　"还有昆虫被困在琥珀中，保持着原有的面貌，变成化石的。"

　　"湖泊？湖泊不是很大很大吗？"

"呵呵，不是。不是江河湖海的湖泊，我说的琥珀是地质时代树木分泌出的松脂等被埋藏在地下形成的黄色矿物。"

叔叔告诉我，昆虫被困在松脂中，变硬，就形成了**琥珀化石**。因为被困在琥珀中，所以没有腐烂，原有的面貌被完好地保存了下来。

生活在地质时代的昆虫被困在琥珀中，包括昆虫的触角和翅膀都被完好地保存下来，形成了化石。

"我在德国，看到过一个青蛙化石。连青蛙的皮肤和血管都原封不动地保存下来了。"

"哦，什么时候我也要去看看青蛙化石。可是叔叔，生物被埋在地下多长时间，才能形成化石啊？"

叔叔**停顿了一下**，回答道：

"这个嘛……目前还在研究当中。"

德国梅塞尔化石遗址出土的青蛙化石，青蛙原有的面貌被完好地保存下来。

叔叔说，我问的这个问题，现在还没有人能够准确地回答出来。因为根据化石所在地层的性质不同，形成化石的时间也各不相同。

各种各样的化石

"为什么很多人不停地研究埋藏在地层中的化石呢？只不过是有点新奇罢了。"

"化石可是数亿年前、数万年前生活在地球上的生物留下的痕迹啊。"

"有那么重要吗？"

"当然了！我们怎么才能知道数亿年前的地球是什么样子的呢？"

"那得制造时光穿梭机。"

"以现在的技术是不可能的。"

"也是，这也只能出现在电影里。"

"所以人们才研究化石。这样我们就能了解到数亿年前的地球

实体化石是由古生物遗体本身的全部或部分保存下来而形成的化石。

遗迹化石是古生物留下的足迹或活动的形迹形成的化石。

上，生活过什么样的生物，那时地球上的环境如何。"

"怎么了解啊?"

我惊讶地瞪大了眼睛。

"化石的种类很多。研究这些各种各样的化石，我们就可以一一了解地球的过去。"

叔叔开始跟我讲起化石的种类来。

"生物遗体本身的全部或部分保存下来形成的化石叫作'**实体化石**'。像巨大的恐龙骨骼、恐龙蛋。此外，生物死后，长时间埋藏在地下，石化保存下来的东西都属于实体化石。"

但是，并不是只有生物才能形成化石。生物的足迹也能形成化石，甚至它们的排泄物也能够形成化石。像这样生物的生活痕迹形成的化石叫作'**遗迹化石**'。遗迹化石可以用来推测古生物的活动和生存环境。

"还有一种肉眼看不到、必须使用电子显微镜才能看到的，非常小的化石，这样的化石叫作'超微化石'。但是，由于超微化石很容易破碎，因此关于它的研究和保存工作十分困难。

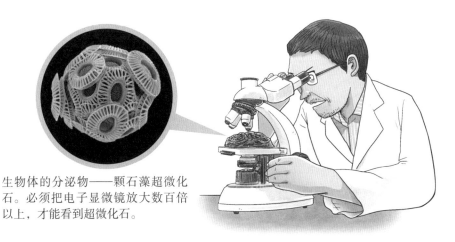

生物体的分泌物——颗石藻超微化石。必须把电子显微镜放大数百倍以上，才能看到超微化石。

化石与地球历史

"叔叔，地球上一开始就有生命体吗？"

记得曾经在神话故事中读到过，神创造出地球、大地和海洋之后，又创造出了生命。我想起这个故事不禁问道，叔叔摇摇头说：

"很久之前，地球上并没有生命体。大气中只有像甲烷、氨气、水蒸气、二氧化碳这样的气体。"

"那么生命体是如何形成的呢？"

"虽然不太确定，但学者们都认为是多种气体融合在一起，经过化学反应产生了**具有生命的新物质**。"

"化学反应？是真的吗？"

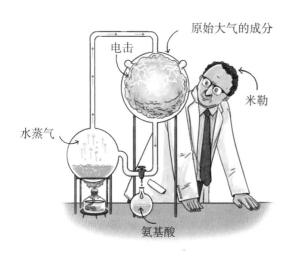

米勒的原始大气实验
对甲烷、氨气、水蒸气、氢气等原始大气成分加以电击，产生了氨基酸。

"1953 年美国生物学家斯坦利·米勒推测原始时代大气的成分中包括甲烷、氨气、水蒸气、氢气等。他把这些气体放入密封的容器中，然后对其进行了为期一个星期的**电击**。结果，产生了氨基酸。"

"氨基酸是什么？"

"氨基酸是形成生命体组织的蛋白质的一种基本组成物质。

科学家们认为，正是因为氨基酸的产生，才出现了生命体。"

"呜哇，这么说，生命体是经过长时间的进化才形成的。"

"是啊，这是科学家们的想法。通过化石已经都得到证实了。"

"最初的生命体出现在哪里啊？陆地还是海洋呢？"

"最初的生命体出现在深海中。"

叠层石
前寒武纪地层中发现的明暗相间的薄层模样沉积物。上面还有前寒武纪时期的细菌留下的痕迹。

"为什么？"

"很久之前，地球上的阳光十分强烈。科学家们认为，新生命无法承受那样的强光，因此，它们生活在阳光接触不到的深海中，吸取能量，渐渐有了形体。"

"那生命体是怎么有了现在的面貌的呢？"

"这需要一个十分漫长的过程。科学家们将地球最初形成的距今约 46 亿年前至 5.42 亿年前的这段时期称之为'前寒武纪'。他们推测这一时期，地球上出现了最初的生命体——'细菌'。"

"细菌？这就是地球上**最初出现的生命体**？"

"不能一说生命体，就联想到现在的生命体。那不过是氨气、甲烷、水蒸气等原始大气，经过强烈的电击之后，形成简单的、具有生命的生物。"

细菌是形成于前寒武纪时期的生命体。

27

叔叔说，这些生物在海水中，经过长时间的进化，形成了我们现在所知道的生命体。

"科学家们把距今约 5.42 亿年前至约 2.51 亿年前的这一时期称之为'古生代'。他们推测这一时期，地球上出现了**各种各样的生物**。"

"哇！直到古生代才出现各种各样的生物啊。"

"古生代出现了非常多的生物。因此，科学家们大致把古生代划分为寒武纪、奥陶纪、志留纪、泥盆纪、石炭纪、二叠纪。"

古生代初期，地球上还十分寒冷，之后渐渐变暖。形成了许多生物能够存活的环境。

"**三叶虫**是寒武纪时期出现的具有代表性的生物。它也是最初长有复眼的生物。寒武纪时期，三叶虫的数量大量增长，占据了整个海洋。"

古生代时期，海洋比陆地更加广阔。因此，海洋中生活着成千上万种的生物。

28

我在脑海中想象了一下长有复眼的三叶虫的模样。

"小星啊，你知道吗？生态界的许多变化是从生物有了眼睛之后才开始的。"

"眼睛？为什么？"

"生物有了眼睛之后，能够获知食物和天敌所在的位置。捕食和被捕食的生存竞争就正式开始了。为了存活，竞争越来越激烈。为了生存，生物们各自具备了属于自己的生存特征。"

奥陶纪时期出现了类似于章鱼、枪乌贼的头足类、脊椎动物的祖先——无颌原始鱼类。

古生代真的出现了好多生物啊！

我是古生代时期的枪乌贼。虽然和现在的枪乌贼长得很相似，但是我有坚硬的外壳。

"叔叔，生物是从什么时候开始到陆地上生活的呢？"

"是从志留纪向泥盆纪过渡的时期开始的。这个时期，生活在海洋里的生物开始来到陆地上。我给你出个问答题：最先来到陆地上生活的生物是植物呢？还是动物呢？"

"动物！"

"不是，最先来到陆地上生活的是植物。然后像蝎子一样的节肢动物也来到了陆地上。不仅如此，生活在海洋里的生物也发生了很多变化。泥盆纪时期，生活在海洋里的鱼类因为食物充足，体型开始变大，种类也越来越多。因此，这一时期也叫作**鱼类的时代**。"

一些鱼类因为具有发达的鱼鳍，逐渐进化成为可以游走于海洋和陆地之间的两栖类动物。我在脑海中想象着在海洋中和陆地上两栖类动物和鱼类四处穿梭的画面。想到地球越来越充满生气，我的嘴角露出了一丝微笑。

"可是，在泥盆纪末期，地球遭遇了一场可怕的灾难。"

"灾难？"

"具体是什么灾难不太清楚。有的学者说是从宇宙中飞来一块巨大的陨石和地球相碰撞，还有的学者说是北极的冰川融化，导致地球上洪水泛滥。"

"那生活在陆地上和海洋里的生物呢?"

"**全部消失了呗**。泥盆纪时期死去的植物被埋藏在地下,便形成了煤炭和石油。"

"哇!是我们使用的煤炭和石油吗?"

"是啊。后来到了石炭纪时期,地球上又重新出现了新的生命体。"

"是什么?"

"就是蛋壳具有双层结构的动物——**爬虫类**。"

"蛋只有单层结构,在陆地上会马上干死,无法存活。但是,有了双层结构,蛋就能够在地球上存活。因此,能够产下这种蛋的动物,不仅可以在水中,还可以在陆地上生活。"

"哇,古生代生物的种类真丰富啊。"

"而且古生代时期还出现了昆虫,长出挺拔而茂盛的松树。寒武纪时期繁盛的三叶虫等生物自然而然地消失,新的物种重新占领了地球。"

我既可以在陆地上生活,也可以在海洋中生活!

"可是，在二叠纪末期，许多物种再次灭绝。还是不清楚具体什么原因。当时地球上80%以上的动植物都灭绝了。"

"又一次？"

"不用太遗憾。因为，这其中幸存下来的生物都得到了进化。这一时期被叫作'中生代'，是恐龙称霸地球的爬虫类时代。初期的恐龙都是体型较小的肉食恐龙。但是，随着时间的推移，恐龙体型愈发庞大，性情愈发凶猛。"

"地球上终于出现恐龙啦。"

"是啊。地球上到处都是恐龙。中生代可分为三叠纪、侏罗纪和白垩纪。尤其是侏罗纪时期，出现了像梁龙或腕龙这样体长超过20米的巨型草食性恐龙，以及像异特龙这样凶残的肉食性恐龙。此外，天空中有始祖鸟展翅飞翔，海洋中有鱼龙自由遨游。"

到了白垩纪，地球上除了恐龙，可以开花的被子植物也十分繁盛。

"但是，到了白垩纪末期，许多恐龙和生物突然灭绝。"

"为什么生物总是**突然**就灭绝了呢?"

"是呀，有的科学家认为，至今地球上已经有 500 亿种以上的生物灭绝了。地球遭遇了五次以上巨大的灭绝之灾。现在，我们生活的世界中留存的生物大约有 5000 万种，这不过只是过去物种数量的 0.1%。"

原来我们身边的花草树木和动物，竟然在数亿万年之前，就存在于地球上! 不知为什么，我突然觉得这世界上所有的生物都是那么的珍贵和美丽。

骨棒叔叔的
研究手册

一目了然的地球历史

地球的历史可分为古生代、中生代、新生代三个时期。

让我们一起来了解一下每个时期的

特征和生物吧！

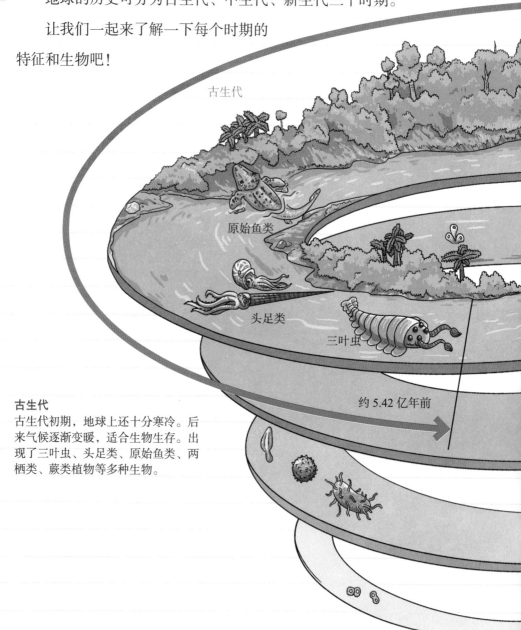

古生代

原始鱼类

头足类

三叶虫

约 5.42 亿年前

古生代
古生代初期，地球上还十分寒冷。后来气候逐渐变暖，适合生物生存。出现了三叶虫、头足类、原始鱼类、两栖类、蕨类植物等多种生物。

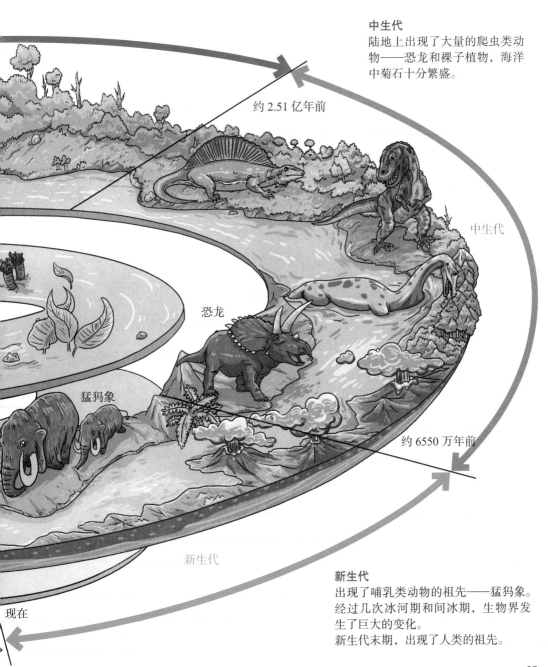

中生代
陆地上出现了大量的爬虫类动物——恐龙和裸子植物,海洋中菊石十分繁盛。

约 2.51 亿年前

中生代

恐龙

猛犸象

约 6550 万年前

新生代

现在

新生代
出现了哺乳类动物的祖先——猛犸象。经过几次冰河期和间冰期,生物界发生了巨大的变化。
新生代末期,出现了人类的祖先。

恐龙是如何生活的？

　　我想起不久前看过的一部动画片，讲的是一只小恐龙在一个陌生的地方，从恐龙蛋里破壳而出，寻找妈妈的故事。四处寻找妈妈的小恐龙，因为遭遇屡屡破坏村庄的肉食恐龙——霸王龙而险象环生。

　　"叔叔，恐龙也是以家族为单位生活的吗？"

　　"这个嘛，还真不清楚。但是大部分的学者认为，草食性恐龙过着群居生活。而肉食性恐龙则更倾向于单独活动。因为，要想捕获更多的食物，比起集体捕食，单独行动更加方便。"

　　"肉食恐龙和草食恐龙**真的相互争斗**吗？"

　　"可能吧。"

　　现在，科学家们已经证实以吃草为生的草食恐龙和以捕食其他恐龙为生的肉食恐龙为了生存，互相攻击。

　　"草食恐龙是怎么和肉食恐龙争斗的呢？它们没有武器，应该也没什么力气。"

哇，草食恐龙的体型真大啊！不过，还是肉食恐龙的牙齿更可怕！

呵，是可怕的肉食恐龙！快逃啊！

"虽然草食恐龙的牙齿和脚爪不太锋利，但是它们有坚硬的角或像铠甲一样结实的皮肤。"

　　"就像犀牛的角一样吗？"

　　"是的。要想躲避肉食恐龙的攻击，角是最基本的武器。肉食恐龙是捕猎能手，速度非常快。"

　　我想起在电影里看到过的肉食恐龙。霸王龙经常凶残地捕食草食恐龙，它们张开血盆大嘴，露出锋利的爪牙，让人**不寒而栗**。

　　叔叔看着手册，给我详细地讲解各种恐龙的特点。

吼吼，草食恐龙是我们肉食恐龙的盘中餐。

骨棒叔叔的
研究手册

草食性恐龙

草食恐龙以吃草为生，体型庞大。

让我们具体了解一下草食恐龙吧！

剑龙
背部长有两排薄薄的骨质板，利用这些骨质板调节体温。打斗时，挥动起长有利刺的尾巴。

甲龙
背部长有坚硬的装甲和利刺。
尾部长着棒槌状的大骨头。
遇到肉食恐龙攻击，便蜷缩身体或者平趴在地上，挥动尾巴进行防御。

腕龙
体型庞大，体长大约20米左右。脑袋很小，脖子和尾巴很长。鼻孔长在头顶上部，可以随意转动脖子，吃到高处的树叶。

原角龙
面部上方长有凸起，鼻子前部和下颌类似鹦鹉的鸟喙，弯曲而十分尖锐。
下颌强劲有力，不仅吃植物的叶子，还吃植物的茎干。

厚头龙（又名肿头龙）
头骨结实且肿厚，头部周围长有瘤子。争夺配偶或遇到敌人时，用坚硬的头部狠狠撞击对方。

副栉龙
脑袋上有一个修长的、中空冠饰。通过这个冠饰发出大大小小的声音，和其他恐龙进行交流。

三角龙
头部约有 2 米长，体长约为 9 米，是体型庞大的恐龙。鼻子上有根短角，额头上有两根大角。三角龙是群居动物，以吃植物的叶子或果实为生。

肉食性恐龙

肉食性恐龙以其他动物为食，牙齿锋利。

让我们再仔细了解一下肉食性恐龙吧。

腔骨龙
因为骨骼是中空的，所以体态轻盈。体型纤细，后肢强劲有力，可以快速奔跑。前爪的爪子尖锐而锋利，猎食时，可以一把揪住小型动物。

异特龙
头部和嘴巴很大，嘴里有 30 多颗锋利的牙齿。它们不仅捕食体型比自己庞大的草食恐龙，还捕食其他肉食恐龙。

霸王龙
霸王龙在古希腊文中意为"暴君蜥蜴"。在所有肉食恐龙中，霸王龙最为凶残。后肢强劲有力，奔跑速度可达到时速 50 千米以上。

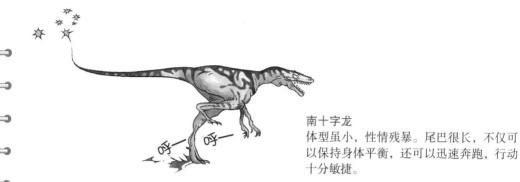

南十字龙
体型虽小，性情残暴。尾巴很长，不仅可以保持身体平衡，还可以迅速奔跑，行动十分敏捷。

双脊龙
头部有两片大大的骨冠。它们利用骨冠来吸引或者威慑其他恐龙。奔跑速度很快，利用锋利的牙齿捕食小型动物。

角鼻龙
角鼻龙的学名意为"鼻子带角的蜥蜴"，鼻梁和额头上都长有角。下颌强健、牙齿锋利、前肢较短、后肢粗壮，捕食体型比自己庞大的恐龙。

棘龙
棘龙意为"有棘的蜥蜴"，背部长有扇状的长棘。体态敏捷灵活，后肢强劲有力，捕食行动十分迅猛。

恐龙灭绝！

"恐龙在地球上生活了1亿多年。但是，那么多的恐龙**突然之间全部灭绝**。"

"又发生什么事了？"

"有的学者认为恐龙灭绝是因为食物匮乏。由于恐龙数量一下子增长过多，草食性恐龙的食物急剧减少，造成了草食恐龙的数量逐渐变少，接着，以捕食草食恐龙为生的肉食恐龙的数量也不断下降。还有学者认为是外星人导致了恐龙的灭绝。"

"哇噢，外星人？"

陨石撞击说
一颗直径约10千米的陨石撞击地球，使得大气中充满灰尘，太阳光变弱，造成了植物死亡，最终导致恐龙灭绝的假说。

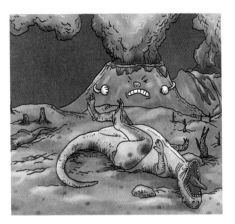

火山爆发说
火山发生大爆发，火山灰四处蔓延，气候急剧变化。由于恐龙无法适应变化后的气候，最终导致恐龙灭绝的假说。

叔叔一看我感兴趣，讲得更起劲了。

"对于恐龙灭绝的原因一般有 4 种观点。"

"第一种观点认为，宇宙中飞来的巨大陨石与地球发生碰撞。陨石掉落在地球上，引起爆炸，导致恐龙灭绝。第二种观点是火山爆发说，认为地球上剧烈的火山运动造成了恐龙的灭绝。"

"剩下的两种观点呢？"

"第三种是恐龙患了癌症，最终灭绝的假说。"

"恐龙得癌症导致灭绝，真是让人**无法想象**。"

"哈哈，是啊。第四种观点认为地球与小行星发生碰撞，导致恐龙的灭绝。大部分科学家都认同第四种假说。当然了，如果我们不乘坐时光穿梭机回到过去，根本无法准确说清楚恐龙灭绝的原因。"

癌症死亡说
宇宙中巨大的星球发生爆炸，产生了许多爆炸物质，恐龙因此患上癌症，最终从地球上灭绝的假说。

小行星撞击说
小行星多次撞击地球，地球地壳融化，发生了剧烈变化，最终导致恐龙灭绝的假说。

恐龙灭绝后，新生代末期，地球上出现了新的动物——"人类"。生物学上关于最初人类出现的时期说法不一。但是，有确切证据证明用两只脚行走和使用工具的人类出现后，人类**迅速进化**，最终变成了今天的人类。

"1924年，在南非发现了人类化石，最初人们并不承认这是人类的化石，称它为'南方古猿'，意思是'非洲南部的猿猴'。但是，后来发现变成化石的这种生物用两只脚行走。而且和猿猴不同，这种生物的犬齿较小，齿尖不够发达。因此，人们最终认定这种生物就是最初的人类。"

后来，出现了可以手握物体或者使用**简单的工具**的人类，我们称之为'能人（Homo habilis）'。Homo的意思是'与人接近，类似于人'，'Habilis'的意思是'才能、手艺'。能人与南方古猿相比，脑容量大，具备出色的使用工具的能力。

南方古猿　　　　能人　　　　直立人　　　　智人

"能人之后出现的是'直立人'，意思是'直立行走的人'。在这之前，人类走路都是背部微驼，现在终于开始**直立**行走。虽然还有争议，但是人们把直立人归属为熟练使用火和在洞穴中生活的初期人类。"

　　之后出现的人类是"智人"，意思是"拥有智慧的人"。他们制造和使用多种工具，与初期的人类不同的是，智人开始使用**语言和文字**。因此，智人被看作是现代人类的直系祖先。

　　但是，初期人类的划分和研究还在进行当中。

本章要点
回顾

Q | 化石是如何形成的?

A | 　　恐龙死后,遗体下沉到湖水或海洋的底部。随着沉积物堆积在遗体上,恐龙的肉体腐烂,只剩下骨骼。沉积物不断堆积,形成了地层,恐龙骨骼也变成了化石。地壳运动,水下的地层露出地面。地层受到风雨的侵蚀,露出化石。

Q | 生活在海洋里的鱼类或贝壳的化石怎么会在山上被发现呢?

A | 　　发现鱼类或贝壳化石的地方,过去原来是河流、海洋和湖水。河流或海洋底部的地层,长期受到地球内部力的作用,最终形成了耸立的山峰。因此,我们才会在山上发现鱼类或贝壳的化石。像这样,我们就可以知道一些化石生物当时生活的地球环境了。如果我们在某个地方发现了田螺的化石,那么就说明过去的这个地方曾有淡水资源;发现珊瑚的地方过去曾是温暖的浅海区域。

鱼刺和贝类外壳化石为什么经常被发现呢?

 　　鱼刺和贝类身上坚硬的部分分别是骨头和外壳。像肉体一样柔软的部分很容易腐烂，而坚硬的鱼刺和贝类外壳则长时间不会腐烂。它们残留在地层当中，变得像岩石一样坚硬。因此，许多鱼刺和贝类外壳变成化石，被保存下来。

 恐龙的体型为什么那么庞大?

 　　恐龙生活的时期，地球气温上升，植物生长茂盛。因此，草食性恐龙不断成长，体型变大。为了捕食体型庞大的草食恐龙，肉食恐龙的体型也不断变大。其中，草食恐龙——剑龙的体长约为 9 米，最大的肉食恐龙——霸王龙的体长约为 14 米，身高可达到 5.5 米左右。

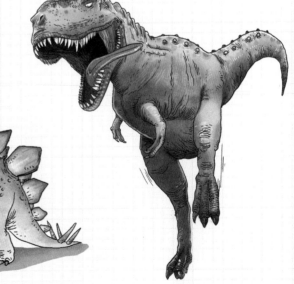

剑龙

霸王龙

47

化石的重生！

第 2 章

叔叔的帐篷

　　叔叔如获至宝一般小心翼翼地把土挖出来，把土坑四周轻轻地刮干净，然后又小心翼翼地把掉下来的土屑移走。照这样的速度，什么时候才能找到埋在地下的恐龙骨头化石啊，我郁闷极了。

　　"叔叔，你就不能动作快点吗？**一铲一铲**地快点儿挖啊。"

　　"不行，这可是非常重要的工作。"

　　太阳落山了，叔叔还是不知疲倦地埋头挖掘恐龙骨头。

　　"灰头土脸的，整天看着地面，这种工作有什么好的？"

　　我百思不得其解，呆呆地看着叔叔，这时叔叔微笑着走到我身边。

　　"小星，今天晚上，得和叔叔在帐篷里睡觉了。"

　　听了叔叔的话，我顿时就**愁眉苦脸**了。

　　叔叔说，他今天新发现的骨头，也就是推测是恐龙头骨化石的这块骨头，还得继续找找，看看除了这个，还有没有其他的骨头化石，所以今天回不了家了。我也只能在叔叔搭建好的帐篷里度过一晚，真不知道这是我的不幸呢？还是我的幸运呢？

　　我原以为帐篷里面臭味难当，却没想到竟然如此**温馨**。帐篷中放满了各种各样的书籍和资料，还有挖掘工具，就像一个小型的图书馆。

　　我的内心稍微释然了一些，虽然有些突然，但感觉好像来参加恐龙挖掘野营。

　　"第一次在帐篷里睡觉吧？虽然不太方便，但是会成为一个美好的回忆。晚上，还可以看到天空中布满繁星的美景呢。"

　　"叔叔，人们为什么要寻找和挖掘化石呢？"

　　"这个嘛，叔叔也说不清楚，不过这个人大概可以非常准确地回答你的问题。"

　　叔叔说完，从帐篷里散落的书堆中找出一本书来。书的封面上画着一个提着篮子的女人。

　　叔叔用手指着这个女人，**微笑**地看着我。

　　"叔叔，这个提着篮子的女人是谁啊？好像是从前的人……"

　　"就是这个女人可以解除你的疑惑，她的名字叫玛丽·安宁。"

化石收集家——玛丽·安宁

"小星，你知道还有女性化石收集家这回事吗？"

"女性也会做这种工作？"

我的内心**惊讶极了**，因为去探险或研究化石的人大部分都是男性。

"这个女人名叫玛丽·安宁。"

"玛丽·安宁是世界上第一位女性**化石收集家**。她从小就跟随父亲四处寻找化石，一开始只是为了帮助父亲，但是在父亲去世后，安宁为了维持生计，开始自己寻找化石。"

"安宁以卖化石为生，有一次，她发现哥哥捡回来的化石和普通化石不一样。为了弄清楚这块化石的真实面目，安宁开始寻找化石的其他部分。"

大约一年后，安宁终于收集齐了所有的化石，这些化石能够完整地拼在一起。

每次一发现化石，我的心就开始怦怦直跳。我发现的这些化石竟然是古代生物的遗迹，太令人吃惊啦！

玛丽·安宁
出生于英国，父亲是化石收集家，以卖化石为生。安宁从小跟随父亲寻找化石。虽然未曾学习过有关化石的知识，但却发现了大量的化石，为化石研究做出了贡献。

蛇颈龙化石
蛇颈龙有四只脚，长长的脖子，长有尾巴，是生活在海洋里的恐龙。

这块化石就是曾经生活在海洋里的"鱼龙"化石。

"当安宁知道自己发现的化石是古代生物——鱼龙的化石时，她高兴极了。从那之后，她不再为赚钱，而是为做研究，四处寻找化石。"

不仅如此，安宁还是第一个发现排泄物化石的人，她还发现了在天空中飞翔的翼龙的化石和生活在海洋里的恐龙——蛇颈龙的化石。

我在脑海中想象着蛇颈龙在海里**遨游的模样**。

"化石能够告诉我们数千年前、数亿年前地球的样子，现在你知道研究化石是一件多么有趣的事情了吧？通过研究化石，我们不仅可以知道地球过去的面貌，还能够了解各种生命进化的过程。"

就好像完成一幅巨大的拼图似的，如果我们一点一点地拼凑，那么地球的过去和史前生命的秘密终将展现在我们面前。想到这里，**我的心情莫名地激动起来**。

菊石化石
菊石是中生代时期生活在海洋里的生物。这块化石是在中生代时期形成的地层中被发现的。

三叶虫化石
三叶虫是古生代时期占领海洋的生物，种类繁多。这块化石是在古生代时期形成的地层中被发现的。

"化石中有一个'标准化石'的说法。标准化石是能作为确定地层地质时代标准的化石。一般来说，标准化石的生存时限短，地理分布广泛。例如，假如在地层中发现三叶虫化石，就可以得知该地层形成于古生代时期。因为古生代时期**最为繁盛的生物**就是三叶虫。"

叔叔说，走在路上，如果在某个地层中发现了菊石化石，那么这个地层就是在中生代时期形成的。因为菊石是中生代时期繁盛的生物，所以，菊石化石就是确定该地层形成于中生代时期的标准化石。

"就这样，通过化石，我们可以发现史前地质年代中生活过的生物的遗迹。化石是解释地球历史和生命进化的重要证据，还是解开迄今为止许多未知的**远古时代秘密**的**钥匙**。"

叔叔说，通过研究化石，可以知道各种生物灭绝、存活和进化的过程。而且把这些资料收集起来，不仅有助于了解**地球过去的自然环境**，甚至还可以预测地球的未来。

要想挖掘化石

"叔叔，怎样才能找到化石呢？"

我认真地问道。听完了安宁的故事，我感觉自己好像也能找到化石。

"化石只能在沉积岩中被发现，因此要想找到化石，首先要找到有沉积岩分布的地域。研究化石的勘探队也是先确定好区域，然后展开大规模调查，最后才开始挖掘。这个时候，我们需要用到卡车、发电机、钎、凿子、锤子等许多挖掘工具，勘探装备和搬运装备。"

"谁都可以找到化石吗？"

"这可说不定，要看个人的努力了。"

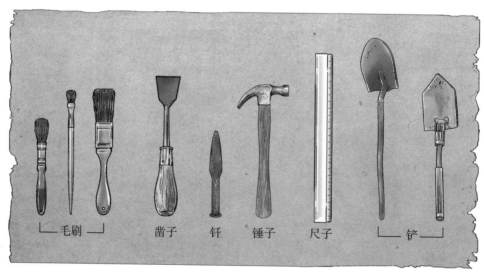

└ 毛刷 ┘　　凿子　　钎　　锤子　　尺子　　└ 铲 ┘

挖掘化石时需要使用的工具。

我也想像叔叔一样，发现埋藏在地层深处的化石。

我刚要动手挖，叔叔**紧张**地连忙摆了摆手。

"不能随便挖。"

"为什么？"

"并不是盲目地挖掘，然后找到地下的岩石就完事了。"

叔叔告诉我，挖掘化石是一项非常**精细而复杂**的工作。

"在挖掘化石之前，首先要确定寻找什么样的化石。然后假设形成化石的生物还活着，找到这种生物生活的场所。如果要寻找恐龙化石，首先要找到中生代时期形成的沉积岩地层。我们也尝试一下化石挖掘，好不好？来，把需要用到的东西都装好！"

骨棒叔叔的研究手册

挖掘化石时需要准备的物品

照相机
勘查和挖掘化石时，无法一一记录的事物，要用照相机拍摄和保留下来。

登山鞋或运动鞋
要想挖掘出化石，必须长时间在野外活动。因此需要准备结实的鞋子。

紧急用药
因为是第一次长途跋涉，去一个陌生的地方，所以要带上常备药物等，以便应对生病等紧急情况。

厚袜子和棉线手套
要准备好能够遮住脚踝的厚袜子。挖土和拂去灰尘时，需要戴上棉线手套，保护双手。

衣服和帽子
厚衣服和薄衣服都要准备好。因为长时间在野外工作，所以需要准备遮阳帽。

防水手表
因为是集体行动，一定要遵守时间约定。为防备突然降雨或不慎落水，一定要准备防水手表。

卷尺
用来测量化石的大小和发现地点的面积。

多功能刀具
集多种工具于一体，方便携带，有助于野外工作。

塑料桶和塑料袋
可以盛放和携带被发现的化石碎块。

雨衣
以备突然阵雨。

罗盘
寻找化石时，容易迷路。因此一定要准备好可以指引方向的罗盘，以防迷路。

书写工具
挖掘过程中，需要记录每个阶段的工作情况。这些记录是研究化石所需要的信息。

放大镜和手电筒
放大镜用来观察很小的化石。手电筒用于在黑暗或狭小的地方进行观察。

水瓶和湿巾
长时间暴露于阳光下，要准备好水瓶，注意适当饮水。在没有水的野外，湿巾的用途很大。

挖掘恐龙化石！

"小星，你想找什么样的化石？"叔叔问。

我告诉他想找恐龙化石。

"恐龙化石不是也分为好多种嘛。既有草食恐龙，又有肉食恐龙。你得先确定是哪一种。"

"**随便找**一个不行吗？"

"呵呵，不同种类的恐龙，生活的地方也不一样。"

叔叔说，要先确定好寻找什么样的化石，然后要集中观察化石可能存在的地方。

"如果**想要挖掘**埋藏在地层深处的**化石**，首先要用挖土机挖掉坚硬的地层表面。这样，化石就露出地面了。"

"需要挖多深呢？"

用毛刷轻轻拂掉泥土。

再挖一会儿，应该还能再找到几块化石。

这块化石有多大呢？

B-02
2139.C

"一般来说，超过 1 米深，就需要用挖土机挖掘。露出化石后，要用锤子、锯、刀、毛刷等工具把化石从岩石中分离出来。"

　　即便很小的冲击也会让化石破碎、变形。因此，除去包裹化石的岩石时，要格外小心。

　　"叔叔，好不容易找到的化石，弄碎了的话，该多**伤心**啊。"

　　"那是当然了，所以每一步都要小心谨慎。首先，要用锯、锤子、钎等工具除掉化石周围包裹着的厚厚的岩石。然后，小心翼翼地搬运化石。这是最困难的一个过程，因为一些**疏松、脆弱**的化石在搬运的过程中，很有可能碎掉。所以为了保护化石，在搬运的时候要用石膏把化石包裹起来。"

　　叔叔说，在现场搬运化石之前，要准确地记录发现化石的位置。因为这些记录是研究化石最重要的基础资料。

把挖掘出的化石搬运到研究室后，需要把化石从岩石中完全分离出来。

"啊啊，这个太**坚硬**了！"

"如果岩石太硬，可以用破碎器。"

"破碎器是什么？"

"破碎器是一种可以强烈喷射空气的机器。使用破碎器，不是打碎岩石，而是从岩石上**一点一点**地除去像小米粒一样大小的碎石块。而且还可以用牙科诊所常用的钻头或针，把岩石一点一点地刮掉。因为要想把化石从岩石中完全分离出来，不能粉碎或打碎整个岩石。有的化石甚至需要几年的时间，才能从岩石中分离出来。"

"啊，几年的时间！"

我惊讶得**瞠目结舌**，真没想到这份工作竟然如此艰难和辛苦。

"化石暴露出来后，要在上面撒一些聚乙烯醇（PVA）溶液。溶液渗入化石缝隙中，可以使化石整体变得更加坚固。"

只有这样，我们才能完好无损地把化石分离出来。

"要把一个巨大的恐龙化石完好地分离出来，看来得需要很长的时间。"

"像梁龙这样有足足 90 多块脊椎骨的巨型恐龙，复原起来需要花费好几年时间。你去博物馆的仓库看一下，那里面**遍地**堆积着化石，比我们看到的恐龙化石多上好几倍。"

"像我这种没有耐心的人，肯定挖不出化石的。"

我**哎哟**一声，叹了口气。

"挖掘化石需要足够的耐心。把化石从岩石中分离出来以后，还有更加艰难的工作呢。"

"这还没有结束吗？"

"当然了。现在要正式开始拼凑骨头化石了。"

"啊，就像拼图一样！这个工作好像很有趣。"

"是啊，我们要查清楚这些骨头化石是不是属于同一只的恐龙，还要弄明白每块骨头应该安在恐龙的哪个部位。因为恐龙骨化石大部分**分散**在地下，所以要想把他们完整地拼凑起来，需要很长时间。"

"那么，在复原的过程中，应该会出现失误吧？"

"是啊。说不定我们所知道的霸王龙的尾巴不是长在屁股上，而是长在背上呢。因为我们没有见过真正的恐龙，所以也只能是猜测罢了。但是我们通过使用各种技术，尽可能地还原出恐龙真实的面貌。"

哎，真是不容易啊！

棘龙的牙齿

三角龙的牙齿

　　叔叔说，复原恐龙骨架时，首先通过分析**牙齿的化石**，可以知道是草食恐龙还是肉食恐龙。然后，根据草食恐龙和肉食恐龙的特征，拼凑**骨化石**。

　　叔叔还告诉我，就算所有的骨化石并不是原封不动地被埋藏在地下，只有左右其中一侧的化石，也可以复原出整个恐龙。假如只有右侧趾骨，按照左右对称的方法，可以制作出恐龙的左侧趾骨，这都是因为得益于身体左右对称。

　　"呃，叔叔！真没想到复原恐龙这么困难。"

　　"你这么快就要投降了？"

"还有要做的工作吗？"

"想要复原出完整的恐龙骨架，除了拼凑骨化石之外，还有很多工作需要做。要把骨化石的形状画下来。"

"为什么？"

"因为只有这样，下次发现类似的骨化石，才不会混淆，能够准确地分辨出来。"

"啊，原来是这样。"

叔叔说，需要把化石放进机器里，用电脑进行扫描。

"利用电脑扫描出来的资料，掌握骨化石所在的位置和作用，使用图像，在骨化石上添加肌肉，这样就可以大致了解到生活在远古时代的恐龙的模样了。"

"真是一步一道坎啊。没想到复原恐龙竟然这么**复杂和困难**！"

我打心眼里对恐龙复原工作人员的毅力感到由衷地钦佩。

化石挖掘过程

虽然寻找和挖掘化石的过程神秘又奇妙，但却需要足够的耐心。

我们一起来了解一下怎样寻找和挖掘化石吧。

① 寻找有可能埋藏化石的沉积岩地层，并进行勘探。

② 如果挖出化石的一部分，就要开始小心翼翼地对周边进行挖掘。

③ 用铲子、锤子、凿子等工具把周围露出来的化石全部挖出来。

④ 拍照或绘图，记录化石挖掘现场的所有情况。

叔叔，你真了不起啊！

现在你知道叔叔挖掘化石有多辛苦了吧？

⑤ 把易碎部分涂上药水,使其凝固粘牢。

⑥ 为了不损坏化石,当化石上面的部分露出地面后,要用石膏和绷带把它包裹起来。

⑦ 继续挖掘,把石膏和绷带包裹着的化石的其他部分挖出来。

⑧ 为了不损坏化石,仔细地用石膏和绷带把整个化石包裹起来。

⑨ 把用石膏和绷带包裹的化石,用结实的绳子绑好,小心翼翼地拉到地面上。

解密恐龙的生活面貌！

　　"那么，复原工作结束后，接下来我们应该做什么呢？""接下来啊，我们就要思考恐龙是怎样生活的。怒涛龙的化石被发掘以后，复原头骨时发现，怒涛龙的头部呈约 50 度的下垂。这样我们就可以知道，怒涛龙以吃矮草为生。"

　　因为这种姿势便于**采食矮草**，所以怒涛龙的头骨就这样被固定住了。

1889 年在美国发现了怒涛龙的化石。人们通过研究头骨化石特征获知，怒涛龙的头部总是呈 50 度下垂状。

　　叔叔将通过化石得知的事实一个一个讲给我听。

　　"你知道恐龙**足迹化石**是怎样形成的吗？首先，恐龙在柔软的泥土上行走，地面留下了恐龙的足迹。留有足迹的地面逐渐变干变硬。

恐龙足迹化石
在韩国庆尚南道固城郡的海岸上发现了恐龙足迹化石。海岸上只有足迹，而没有尾巴
的痕迹。因此，我们可以知道恐龙是翘着尾巴行走的。

经过漫长的时间，沉积物在上面不断堆积，形成沉积岩。

后来，因为风雨对地层表面的侵蚀，足迹化石露出地面。韩国
不仅发现了恐龙的足迹化石，还发现了鸟和人类等多种生物的足迹
化石。对了，通过恐龙的足迹化石，我们获知了一个十分重要的事
实，那就是恐龙是**翘着尾巴**行走的。"

"可是，我在电影《侏罗纪公园》和动画片《小恐龙多利》中看
到，恐龙行走的时候，尾巴是拖在地面上的呀。"

"那是因为人们没有真正地看到过恐龙行走的模样，只是通过**想
象**模拟出来的。但是经过研究恐龙足迹化石发现，足迹化石的周围并
没有尾巴拖地的痕迹，因此知道恐龙是翘着尾巴行走的这一事实。"

"叔叔，假如没有恐龙的足迹化石和骨化石，我们就无法推断出
恐龙的真实面貌了吧？"

"是啊，说不定会认为恐龙是像飞天的青龙或朱雀一样，是想象出来的神秘的动物呢。"

"化石真是太宝贵了。"

叔叔说，通过恐龙化石，还可以知道恐龙的长相和行为活动。

"通过观察恐龙的骨化石，不仅可以推测出恐龙的体型究竟有多大，还可以知道恐龙的身体构造。"

"如果没有化石，人们也肯定制作不出像《侏罗纪公园》这样的电影吧？"

"那是当然了。对了，通过研究恐龙足迹的大小、形状和凹陷的程度，我们还知道了恐龙行走的速度到底有多快。"

"哇！"

"研究化石之前，学者们认为恐龙行走的方式可能和蜥蜴一样。但是，研究化石之后发现，和蜥蜴不同，恐龙的两条腿笔直地连接在躯体下方。因此恐龙不会像蜥蜴一样扭着身躯行走，而是笔直地行走。"

蜥蜴行走的姿势

蜥蜴的四肢弯曲，与躯体呈直角，因此行走的时候，躯体左右扭动。

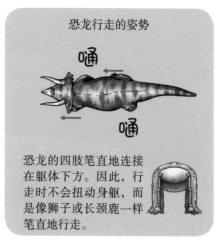

恐龙行走的姿势

恐龙的四肢笔直地连接在躯体下方。因此，行走时不会扭动身躯，而是像狮子或长颈鹿一样笔直地行走。

叔叔还告诉我，除此之外，通过化石，还了解到了恐龙的饮食习惯。1995 年，在加拿大的萨斯克彻温发现了长 43 厘米、高 12 厘米左右的恐龙粪便化石。学者们判断这是霸王龙的粪便化石。他们认为，霸王龙进食的时候，不会细细地咀嚼食物，而是直接吞咽下去。因此，它的**粪便块头很大**。随着时间的推移，粪便形成了化石，被保存到现在。

"那真的是粪便化石吗？"

"是啊。"

"嗬，好脏啊。"

"可不能这么想。对于科学家们来说，粪便化石可是一个巨大的宝贝啊。通过粪便化石，可以知道恐龙究竟是咀嚼食物，还是直接吞咽。"

"那倒也是啊。"

科学家们不断发现新的事实，着实让我震惊。

霸王龙的粪便化石

复原声音！

"还有一件非常神奇的事情。利用化石，还可以再现恐龙的声音。你不想知道恐龙会发出什么声音吗？"

我想起在电影里听到过的**恐龙叫声**，试着模仿了一下。

"科学家们利用大约生活在 8000 万年前的副栉龙的化石，对副栉龙的声带器官和头骨进行分析，用电脑制作出副栉龙的立体模型。然后在模型中注入空气，使其发声。"

说完，叔叔用电脑播放了一下恐龙的叫声。恐龙的声音像小号一样**低沉**。虽然我们无法知道这是否真的是恐龙的叫声，但是现在，美国国立研究院正在积极地复原各种恐龙的声音。

"研究恐龙的学者们发现了生活在侏罗纪时期的蟋蟀的化石。雄性蟋蟀的前翅上长有弓形摩擦器官，这个摩擦器官和另一侧翅膀上

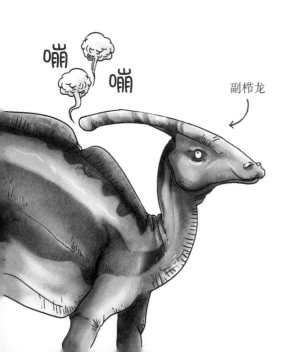

副栉龙

副栉龙的头骨
副栉龙有一个从鼻骨连接到脑后的长长的冠饰。空气进入冠饰，发出声音。

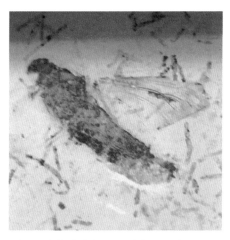
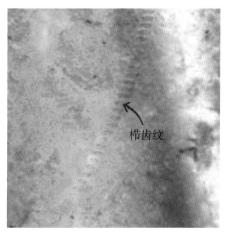

利用翅膀保存完好的蟋蟀化石，复原出生活在侏罗纪时期的蟋蟀的叫声。

使用微型显微镜，将蟋蟀化石的翅膀放大，可以看到栉齿纹。

凹凸不平的栉齿纹相互摩擦，发出声音。"

"现实中的蟋蟀也是这样叫的吗？"

"科学家们亲自捕捉蟋蟀进行观察发现，现在的蟋蟀也是这样发出声音的。"

"哇，这么说来，从侏罗纪时期一直到现在，蟋蟀都是以同一个方式发出叫声的。"

"是啊，科学家们利用化石，对生活在侏罗纪时期和现在的两个时期蟋蟀的叫声进行了比较。"

"结果怎么样？"

"生活在侏罗纪时期的蟋蟀比现在的蟋蟀，叫声**更低更清脆**。"

叔叔的话让我感到既神奇又震惊。

了解地球过去的环境

"很多讲述恐龙的电影都很好地再现了恐龙生活的那个时代的环境。现在，复原恐龙生活时代的环境不再只是电影里的事情了。因为在现实生活中，通过化石研究，我们正在了解过去的一切。"

"我们真的能够知道恐龙生活的那个时代的环境吗？哇，太神奇了。"

"现在的科学技术在不断发展。事实上，通过珊瑚化石，已经知道了过去地球的自转速度。仔细观察珊瑚化石会发现一些细微的线条。这些线条是因为珊瑚在白天和晚上生长速度不同而产生的生长线，每天都会长出一条。我们数了一下大约 3.7 亿年前的珊瑚化石上的生长线，一共有 400 条。这说明当时的 1 年有 400 天。"

"咦，1 年不是 365 天嘛？"

听我这么一说，叔叔啪地拍了一下膝盖说道：

"这就是奥秘！珊瑚化石生活的时期，1 年不是 365 天，而是 400 天。这说明当时地球自转的速度比现在要快一些。"

"1 年竟然有 400 天，真是太

珊瑚化石
珊瑚化石上有一些细微的生长线，生长线的数量和珊瑚生活的那个时期 1 年的天数相同。

意外了。过去的地球和现在差别好大啊。"

　　不仅如此，化石还可以告诉我们史前时代地球的气温。通过分析恐龙的牙齿化石，我们了解到了中生代时期地球的气温和现在的气温较为相似。

① 生活在中生代时期的恐龙在河边或池塘边饮水。

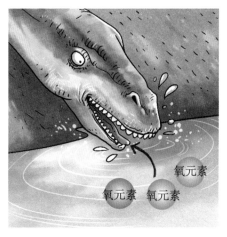

② 中生代时期水中的氧元素与恐龙的牙齿相接触。

③ 恐龙死后，形成了化石。经过很长时间后，恐龙化石被挖掘出来。

④ 分析恐龙牙齿化石中的氧气成分，得知中生代时期的气温。

韩国复原的恐龙

　　叔叔说，韩国也成功地复原了恐龙。2003 年 5 月，全南大学韩国恐龙研究中心挖掘队在韩国全罗南道宝城郡飞凤里船所村海边**发现了恐龙化石。**

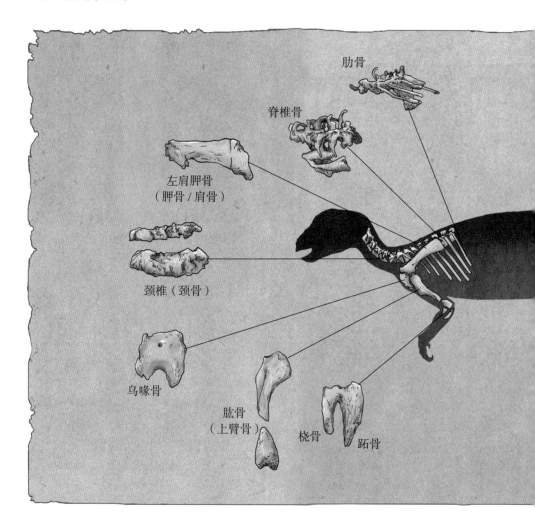

肋骨

脊椎骨

左肩胛骨
（胛骨／肩骨）

颈椎（颈骨）

乌喙骨

肱骨
（上臂骨）

桡骨　　跖骨

挖掘队挖掘出 3 块含有化石的岩石，然后开始了化石处理和研究工作。经过 7 年的时间，直到 2010 年，终于拼凑出一副完整的恐龙骨架化石。

据了解，这只恐龙是生活在朝鲜半岛的肉食恐龙，被命名为**宝城韩国龙**。

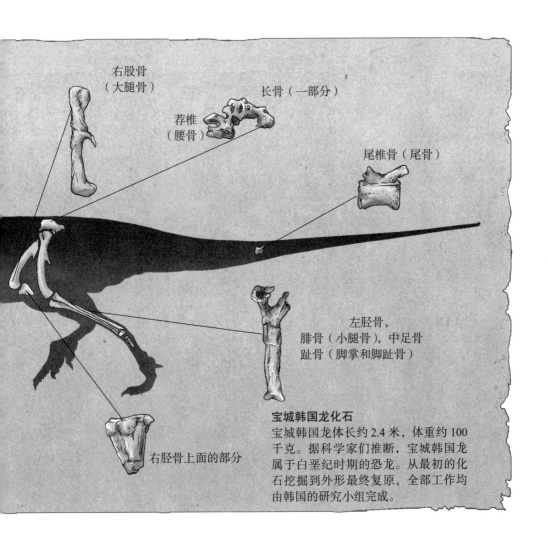

右股骨
（大腿骨）

长骨（一部分）

荐椎
（腰骨）

尾椎骨（尾骨）

左胫骨，
腓骨（小腿骨），中足骨
趾骨（脚掌和脚趾骨）

右胫骨上面的部分

宝城韩国龙化石
宝城韩国龙体长约 2.4 米，体重约 100
千克。据科学家们推断，宝城韩国龙
属于白垩纪时期的恐龙。从最初的化
石挖掘到外形最终复原，全部工作均
由韩国的研究小组完成。

艰难的复原过程

虽然现在使用最先进的装备，可以将化石复原出原始面貌，但是在化石复原技术并不怎么发达的岁月里，曾经发生过很多有趣的事情。

"对了，你想不想知道曼特尔发现的化石是什么？"

"对啊！那块石头究竟是什么啊？"

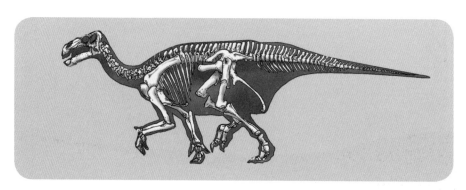

禽龙是生活在中生代时期的草食恐龙。1822 年，曼特尔发现的化石就是禽龙的牙齿化石。

"19 世纪 70 年代，在比利时大量的禽龙化石被发现之后，人们终于揭开了这块化石的神秘面纱。曼特尔发现的这块化石就是禽龙的牙齿化石。"

"哈哈，人们竟然把禽龙的牙齿误认为是犀牛的角和鬣蜥的牙齿，禽龙要是知道了，肯定会觉得很**荒唐**！"

除此之外，在复原化石的过程中，还发生过很多让人忍俊不禁的趣事。

"还有这样的一件事。18世纪70年代，美国科学家爱德华·德林克·科普和奥塞内尔·查尔斯·马什曾经一起发现、复原和研究化石。

但是有一天，马什指责科普把蛇颈龙的头骨化石和尾骨化石的位置弄颠倒了，之后两个人的关系就渐渐疏远了。"

"因为化石，两个人的关系就恶化了吗？"

"可以这么说。"

而且在将近100年的历史中，迷惑龙的头上一直安着的是圆顶龙的头骨。直到1975年，迷惑龙真正的头骨被发现，我们这才知道了迷惑龙的真实面貌。

迷惑龙的头骨化石

自己的真面目被世人知晓，竟然花了100年的时间！可笑吧？

迷惑龙是侏罗纪时期繁盛的草食恐龙。它的头部较小，身体庞大，尾巴纤细。

本章要点
回顾

 通过化石，我们可以知道什么呢?

通过化石，我们可以了解到现已灭绝了的、远古时期生活的古生物物种。科学家们发现菊石和三叶虫等化石之后，通过化石，了解到了它们曾在地球上生存过。而且通过观察化石，推测出生物的形状和大小等。

菊石化石

三叶虫化石

可以了解到生物存活时期的环境。在某个地层中发现了生活在海洋里的蛇颈龙的化石，我们就可以知道这个地方在过去曾是一片汪洋大海。

蛇颈龙化石

通过恐龙化石，我们可以知道什么?

 拼凑好恐龙的腿骨化石，可以知道恐龙行走的姿势。恐龙的四肢笔直地连接在躯体下方，因此在行走时，不会扭动身躯，而是笔直地行走。

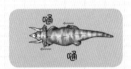

恐龙行走的姿势

通过恐龙的头骨化石，可以知道恐龙的生活方式。观察怒涛龙的头骨化石，可以推断出怒涛龙总是低垂着脑袋，以采食矮草为生。

怒涛龙

 挖掘化石需要哪些过程?

 挖掘化石需要持之以恒的毅力和耐心。
简单来说:

① 寻找埋藏化石的地层。

② 小心翼翼地在化石周围挖掘。

③ 用石膏绷带包裹住化石。

④ 为了不损坏化石，小心搬运。

解密化石的年龄!

第 3 章

化石告诉我们的事实

"小星啊，你知道人类确切是从什么时候开始在地球上生活的吗？"

叔叔想考考我。

我仔细想了想。像恐龙这样**可怕**的动物，人类不可能和它们生活在同一个时代。

"应该是恐龙灭绝之后，才出现了人类吧。"

"为什么呢？"

"很久之前，原始人类还不会制造像刀或斧头这样的工具。如果他们和恐龙这样凶残的动物一起生活的话，肯定都会被恐龙抓住吃掉的。"

听完我的回答，叔叔虽然未置可否，但却**笑眯眯**地看着我。

"快告诉我吧。"

"你仔细观察化石的话，就会找到答案了。"

"化石上还能找到这个？"

"是的，解开人们这个疑问的，是埃塞俄比亚沙漠中发现的遗骨化石。科学家们通过分析遗骨化石中残留下来的氩气，得出结论——这块遗骨大约形成于520—580万年前的。他们是怎么知道的呢？"

"不太清楚。"

我摇摇头。叔叔接着说：

"了解化石的年龄是了解地球历史的一份重要资料。来，和叔叔一起了解一下，化石的年龄是如何计算的吧。"

"如果计算出化石的年龄，就能够知道生物是什么时候就出现在地球上了吗？"

"是啊，到现在为止，经过研究发现，年代最久远的化石当属一块海蜇化石，它形成于 6 亿—7 亿年前。"

"6 亿—7 亿年前？哇，这么早，简直令人难以想象。竟然还有这么久远的化石，太让人震惊了。可是，化石不过是块石头，怎么样才能知道它形成的时期呢？"

"呵呵，和叔叔一起来揭开这个谜底吧。你也亲自算一算。"

地层告诉我们的地球年龄

"地质学家们利用各种各样的方法来了解地层和化石的形成时期，我们称之为'年代测定'。"

年代测定?

地层是经过数千年至数万年的时间，由沉积物堆积形成的。所以地层中含有许多关于地球历史的信息。

"你见过树木的年轮吗? 年轮每年都会增长一圈，所以数一下年轮的圈数，就可以知道树木的年龄了。正如通过年轮可以获知树木的年龄一样，地层也能够告诉我们**地球的历史**。通过分析地层沉积的顺序或地层中包含的岩石层，就可以知道地层形成的时期。"

"为什么一定要知道地层形成的时期呢?"

叔叔微笑着说：

"小星，你喜欢的腕龙是生活在
哪个时期的恐龙，也是通过年代测定
知道的。"

"真的吗？"

"人类出现之前，地球上生活过的
千千万万种生物，它们从什么时期出现，
又到什么时期灭绝，这些问题也都是通过年
代测定找到答案的。在没弄清恐龙的生存年代
和人类祖先什么时期出现在地球上之前，曾以为
恐龙和人类共同生活过。但是通过年代测定，我们知
道了恐龙的生存时期和人类在地球上出现的时期。结论
就是恐龙和人类**没有一起生活过**。"

"可我在电视里看到过原始人捕捉恐龙的场面啊。"

"那只是为了增添故事情节的趣味性，编造出来的。"

叔叔继续给我讲述年代测定的事情。

"年代测定可分为相对年代测定和绝对年代测定。相对年代测定
是指了解周围沉积地层的年代，然后相对地和它们进行比较，看是
否比它们的年代久远。绝对年代测定是指利用岩石中包含物质的特
征，了解地层的形成时期。"

"叔叔，**太难了**。能不能讲得简单一点儿。"

"呵呵，好吧，那我先给你讲一下相对年代测定吧。"

观察地层顺序，了解形成时期

叔叔拿出一张纸，指着上面的图片，开始讲解：

"相对年代测定是了解地层形成时期的一种方法。它具体是指在地层和地层之间进行比较，然后根据它们形成的时期排好顺序或者和已知形成时期的地层进行比较，了解其他地层的形成时期。要想使用相对年代测定法，需要知道几条法则。第一条就是地层累重法则。**我们来看一下图片。**A、B、C、D、E 五个地层中，你觉得哪个地层年代最为久远？"

"A 层？不，E 层。"

哪个地层年代最为久远呢？

嗯，是A层，还是E层呢？

地层累重法则
地层最初的沉积顺序保持不变的情况下，下面的地层比上面的地层先形成。

美国大峡谷
大峡谷由地层层层沉积而成。新的地层会沉积在已经形成的地层上面，所以最上面的地层是形成时间最晚的一层。

"对的。因为地层是从底部开始层层沉积的，所以 E 层是最早沉积形成的地层，剩下的按照 D 层、C 层、B 层、A 层的顺序依次沉积而成。"

"A 层是最年轻的地层啊。"

"是啊，因为它形成的时间最晚。像这样，下面的地层与上面的地层相比，形成的地质年代更为久远的情况，我们称之为'地层重叠法则'。

假如 A 层形成于 1000 年前，C 层形成于 3000 年前，那么 B 层形成于多少年前呢？"

"我可能连这个都不知道吗？C 层形成之后，B 层开始形成，最后是 A 层……"

叔叔**目不转睛**地看着我。

"B 层形成于 3000—1000 年前之间的这一段时期。"

我看了看叔叔的表情，只见他一脸欣慰地点点头，然后用手**摸了摸**我的脑袋。

"叔叔，要想了解相对年代测定，只要知道地层重叠法则就行吗？"

"我再告诉你一个最常使用的法则，那就是贯入法则。你看一下这幅图，猜一猜地层形成的顺序。"

贯入法则
通过穿入地层的情况，可以确认地层形成的时间顺序。

"嗯，这次的地层不是**层层**沉积的，好难啊！"

"先看 A 层和 B 层。这幅图中，A 层形成之后，B 层穿入 A 层之中。像这样通过穿入地层的事实，确认地层沉积顺序的情况，我们称之为'贯入法则'。"

"贯入？"

"贯入是**穿入、穿插**的意思。根据贯入法则，C 层是什么时候形成的呢？看到了吗？C 层同时穿插在 A 层和 B 层之中。"

"看到了。那么C层应该是在A层和B层形成之后，穿插在两个地层当中的吧。C层一定是最晚形成的地层！"

"对的。叔叔再问你一个问题，A层形成于5000年前，C层形成于3000年前，那么B层形成于多少年前呢？"

"因为B层形成于A层和C层形成的时期之间……"

我在叔叔给我看的那张图纸上写下A层和C层形成的时期。叔叔看着我写下的数字，给我推演答案。

"你已经把答案写出来了。因为B层形成于A层和C层形成的时期之间，所以它形成于5000—3000年前之间的这一段时期。

像这样，利用周围地层沉积的时期，了解其他地层沉积时期的方法就是相对年代测定。**怎么样，简单吧?**"

叔叔还告诉我，如果地层中埋藏着化石，那么可以推断，这个地层就是在化石生物所生活的时期沉积而成的。现在，我也可以计算出地层沉积的时期了，我的内心充满了**成就感**。

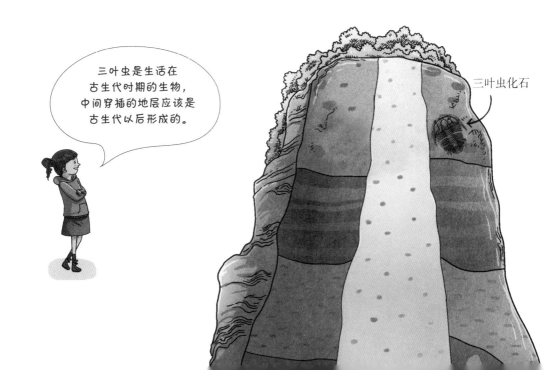

三叶虫是生活在古生代时期的生物，中间穿插的地层应该是古生代以后形成的。

三叶虫化石

放射性元素解密地层年龄

"现在，我要给你讲绝对年代测定了，这个有点复杂，你简单听听就行了。"

"叔叔，我**最讨厌**很深奥的话题……"

叔叔递给我一颗棒棒糖，开始娓娓道来。

"你慢慢听也不是那么难。想要了解绝对年代测定你首先要知道什么是'放射性元素'。放射性元素是有放射性能的元素。铀就是具有代表性的放射性元素。放射性元素有一个重要的特征，那就是随着一定时间的流逝，放射性元素的量会减少到一半。像这样，放射性元素的数量有**半数发生衰变时所需要的时间**，我们称之为'半衰期'。根据放射性元素的种类不同，半衰期也不一样。现在我们已经知道了很多放射性元素的半衰期。"

叔叔说，首先测定地层中岩石含有的放射性元素的数量。然后

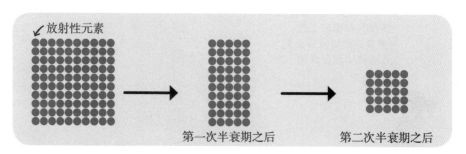

放射性元素的半衰期
假如放射性元素的数量是 100，经过第一次半衰期之后，就会变成 50，再经过第二次半衰期之后，就会减少到 25。

利用元素的半衰期，可以计算出地层沉积的时期。这种获知地层年代的方法就是所谓的绝对年代测定。

"这么说，如果我们知道了地层中包含的放射性元素的数量和放射性元素的半衰期，就可以了解到地层**形成的时期**啦。"

"是的，科学家们就是利用岩石中包含的放射性元素，来获知地层年龄的。"

放射性元素中的钾经过大约 13 亿年之后，其中一半会变成氩。假如岩石形成时，含有 100% 的钾。经过 13 亿年，就会减少到 50%。再经过 13 亿年，就只剩下 25% 了。假如现在岩石中保留下来的氩和钾的比例是 75∶25，那就意味着已经经过了两次半衰期。钾的半衰期是 13 亿年，这样就可以知道岩石是经过了两次钾的半衰期，即 26 亿年前形成的。

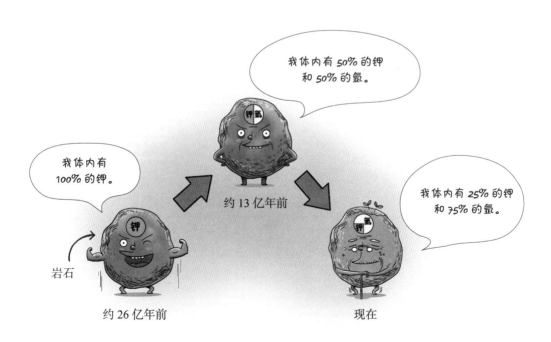

每种放射性元素的半衰期不同，而且彼此之间的差异很大。铀的半衰期是45亿年，用于治疗癌症的钴和镭的半衰期分别是5.3年和1622年。

"半衰期**太短**的放射性元素无法用于绝对年代测定。因此，用于绝对年代测定的放射性元素只能是像铀或钾这样半衰期很长的元素。"

"看来，使用相对年代测定，比起使用绝对年代测定，能更准确地了解地层的年龄。"

"没错。"

计算岩石的年龄

每经过一次半衰期，放射性元素的数量都会减少一半。假如一块岩石中包含的放射性元素——铯只剩下最初的1/4，那么这块岩石是什么时候形成的呢？

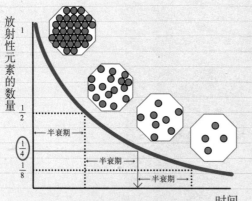

放射性元素	半衰期
碘	8 天
钴	5.3 年
铯	30 年
镭	1622年
钾	13 亿年
铀	45 亿年

→ 观察图像中放射性元素的数量是1/4时所对应的时间，可以发现已经经过了两次衰变。因为铯的半衰期是30年，30×2=60（年），所以岩石形成于60年前。

利用放射性元素的数量，科学家们发现了目前地球上年代最为**久远的岩石**，那就是在加拿大的艾加斯塔（Acasta）地区发现的片麻岩。科学家们利用岩石中包含的放射性元素的半衰期，计算出这种岩石大约形成于 40 亿年前。

加拿大艾加斯塔地区发现的片麻岩大约形成于 40 亿年前。

"1969 年，成功登陆月球的阿波罗 11 号从月球上带回一些岩石标本。通过研究岩石中的放射性元素，科学家们发现这些岩石形成于约 46 亿年前。此外，他们还以同样的方法对坠落在地球上的陨石进行了测定，结果发现陨石**大约形成于 46 亿年前**。因此，科学家们推测地球和月球大约形成于 46 亿年前。"

化石的年龄多大呢?

叔叔说，利用年代测定，不仅可以知道地球的年龄，还可以知道变成化石的恐龙的死亡时间。因为化石最终形成的时期和恐龙死亡的时期很接近。计算恐龙死亡时间的时候，最常用的方法就是"放射性碳素年代测定"，即测定化石中包含的放射性碳素的数量。

"我刚才说过，**半衰期**是指化石或岩石中包含的放射性元素数量减少到最初数量的一半时所需要的时间。

我们来假设一下，一对男女坠入爱河。这两个人在最初交往的时候，彼此之间的爱慕值是1000。一周之后，这种爱慕值下降到500。又过了一周，对彼此的爱慕只有250。第三周过去了，他们之间的爱就只剩下125了。

这样看来，每过一周，爱慕值就减少一半，那么两个人之间的**爱情的半衰期是7天**。现在明白什么是半衰期了吧?"

"嗯，我知道了。"

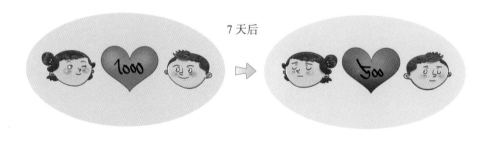

"所有的生物体内都有放射性碳素。放射性碳素随着生物体的死而停止。生物体死亡后，经过一段时间，体内留存的放射性碳素会逐渐变成氮。放射性碳素的数量减少到原来的一半，需要 5730 年。"

　　科学家们通过放射性碳素的半衰期，知道了化石的形成时期。

　　"我们假设自然状态下，放射性碳素的数量是 1，而现在生物体内的放射性碳素只有 1/8。化石内的放射性碳素由 1 减少到 1/2，再由 1/2 减少到 1/4，最后由 1/4 减少到 1/8。即 $1/8=1/2 \times 1/2 \times 1/2$，这说明放射性碳素**经过了三次半衰期**。因此，化石的年龄应该是 5730 年乘以 3，即化石形成于 17190 年前。"

计算化石的年龄

一块化石中含有放射性元素 A。对 A 的数量进行测定发现，只剩下原来的 25%。那么，这块化石是什么时候形成的？A 的半衰期是 1000 年。

→ 因为 A 现在只剩下原来的 25%，也就是原来的 1/4。
$25/100=1/4=1/2 \times 1/2$
可知 A 经过了两次半衰期，$1000 \times 2=2000$（年）。
因此，这块化石形成于 2000 年前。

现在可以计算出化石的年龄了吧？

Q 假如图中的 A 层形成于 1500 年前，C 层形成于 3800 年前。那么，B 层形成于多少年前？

A 根据地层累重法则，我们可以知道下面的地层与上面的地层相比，年代更为久远。因此，B 层形成于 C 层形成之后，A 层形成之前的时期。即 B 层形成于 3800—1500 年前的这一段时期。

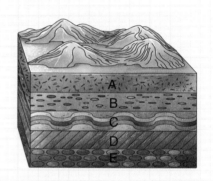

Q 你知道图中 A、B、C 三层形成的先后顺序吗？

A 根据贯入法则，我们可以知道穿插的地层形成于被穿插的地层之后。因为 C 层穿入 A 层和 B 层之中，因此它形成的时间最晚。因为 B 层穿入 A 层之中，所以 B 层形成于 A 层之后。因此，地层形成的先后顺序分别是 A 层→B 层→C 层。

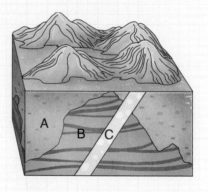

什么是半衰期?

 　　放射性元素的数量经过一定时间以后会以一定的速度不断减少。放射性元素减少到最初的一半所需要的时间就是半衰期。所有的放射性元素都有半衰期,但种类不同,半衰期也完全不同。因此,我们可以利用半衰期来测定出岩石的年龄。钾的半衰期大约是 13 亿年。假如一块岩石中含有的钾只有最初的 1/2,那么就可以知道这块岩石大约形成于 13 亿年前。

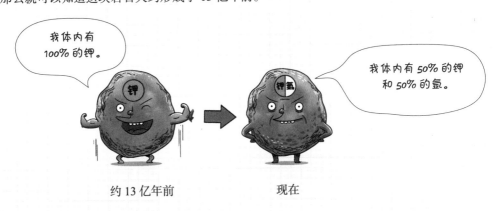

我体内有 100% 的钾。

我体内有 50% 的钾和 50% 的氩。

约 13 亿年前　　　　　　　现在

 假如一块岩石中含有的铀只剩下最初的 1/4,那么这块岩石形成于什么时期?

 　　假如含有的铀只剩下最初的 1/4,这说明铀经过了两次半衰期。因为 1/4=1/2 × 1/2。铀的半衰期是 45 亿年。因为经过了两次半衰期,即 40 × 2=90,所以岩石形成于 90 亿年前。像这样利用放射性元素的数量,了解化石形成时期的方法,就是绝对年代测定法。

一起去看恐龙吧！

第 4 章

恐龙的出现

"小星，你看过讲述恐龙的电影吗？"

"当然啦。"

"你觉得什么最**有趣**？"

"我和爸爸一起去看过 3D 版的《侏罗纪公园》。霸王龙在我眼前张开血盆大嘴时，简直太可怕了！"

电影《侏罗纪公园》中的科学家。他利用从凝结在琥珀中的史前蚊子体内提取出的恐龙 DNA，培育和繁殖了恐龙。但是恐龙们随意肆虐，疯狂地袭击人类，人类陷入了巨大的危险当中。主人公们为了躲避巨型恐龙的攻击而四处逃亡的场面**精彩又刺激**，让屏幕前的观众捏了一把汗。

"现实中恐龙真的复活了，该怎么办啊，吓得我那天晚上都没睡好觉。"

"是吗？其实那个电影完全脱离事实……"

"怎么脱离事实了？"

"电影里，科学家们从凝结在琥珀中的史前蚊子体内的恐龙血液中提取出恐龙的 DNA。在现实生活中，那是不可能的。而且变成化石的蚊子体内的恐龙 DNA 已经被蚊子的 DNA 污染了，怎么可能培育出真正的恐龙呢？"

"原来有这些问题啊。"

叔叔还告诉我，影片中出现的霸王龙并不是生活在侏罗纪时期的恐龙，而是生活在白垩纪时期的恐龙。所以说，电影都是导演和编剧凭借想象力创造出来的。

"都是瞎编的啊。"

"到目前为止，许多关于恐龙的问题还有待研究。因此，世界各地学者们都在不断地研究恐龙。"

现如今，关于恐龙的电影、动画片和漫画绘本不计其数，对于从未见过的恐龙，人们的好奇心似乎永无止境。

"小星，你最喜欢什么恐龙啊？"

"我最喜欢腕龙。动画片《小恐龙多利》里也出现过，多利的妈妈就是腕龙。当多利撕心裂肺地呼唤妈妈的时候，我别提有多伤心啦。"

"腕龙是一种**身躯十分庞大**的恐龙，它的身高是人类的 10 多倍。德国自然历史博物馆中就陈列着腕龙的化石。看来叔叔一定得带小星去看一看。"

"叔叔，我好想看一下腕龙到底有多大。"

"好啊。叔叔也想看一看体型庞大的腕龙，以后我们一起去吧。"

"我好希望那一天快点到来啊！"

"看腕龙的事我们下次再去，现在呢，叔叔给你讲一个有趣的恐龙电影故事吧。"

想象力塑造的恐龙

"你看《侏罗纪公园》的时候，没觉得有什么很好奇的地方吗？"

"恐龙的表情太可怕了，我根本没有工夫去想别的事情。"

我一边回想起当时恐龙张开血盆大嘴要吃人的狰狞场面，一边说。

"可是，你觉得恐龙也有表情吗？"

叔叔问的问题完全出乎我的意料。

"当然应该有了。"

"也可能没有啊。"

"人有表情，小狗也有表情。难道不是所有的动物都有表情吗？"

电影《侏罗纪公园》改编自作家迈克尔·克莱顿的畅销小说《侏罗纪公园》，于 1993
年制作完成。

生气的表情

微笑的表情

恐龙也应该有表情吧……

虽然电影或动画片中生动地展现出恐龙的表情，但是科学家们推测现实中的恐龙并没有表情。

　　"但是很多学者认为恐龙是没有表情的。还有一部电影名叫《恐龙》，像《侏罗纪公园》一样生动地再现了恐龙的世界。这部电影的主人公是一只禽龙。在电影里，禽龙生气的时候会眉头紧缩，高兴的时候还会吐舌头。科学家们看过电影之后，曾经集体表示抗议。"

　　"为什么？"

　　"事实上，科学家们在复原禽龙化石的时候发现，禽龙的面部没有肌肉，嘴角部分都是角质状的。"

　　"那做不出表情吗？"

　　"因为没有肌肉，所以是做不出表情的。"

　　"呵，我被骗啦！"

　　叔叔说，不仅恐龙的表情，就连恐龙皮肤的颜色也是人类想象出来的。

位于韩国全罗南道海南郡的海南恐龙博物馆中陈列的恐龙模型。

韩国庆尚南道固城郡举办的恐龙世界博览会上展出的恐龙模型。

　　《侏罗纪公园》的电影顾问乔治·科利森博士说，虽然通过化石对恐龙进行了研究，但化石上并没有留下色素，因此无法得知恐龙皮肤的颜色。我们在《侏罗纪公园》中看到的霸王龙皮肤的颜色就是通过**想象**制作出来的。

　　叔叔说，不仅电影，我们在博物馆或展览会上看到的恐龙模型，那个皮肤的颜色也都是想象出来的。

　　"那么电影中**恐龙的叫声**也是想象出来的吗？"

　　"是啊。因为没有办法复原所有恐龙的叫声，所以大部分都是人们想象出来的。虽然我们推测出恐龙是利用角或管发出叫声的，但却无法知道具体是什么声音。从蚊子吸食的恐龙血液中提取恐龙的DNA，这也只是电影里虚构的。"

　　我想起了韩国制作的电影《斑点：韩半岛的恐龙》。电影的背景是中生代白垩纪时期，主人公是生活在朝鲜半岛的特暴龙家族中最小的成员——斑点。电影讲述了因为受到一只名叫"独眼龙"的霸王龙的攻击，斑点失去了母亲和兄弟姐妹，独自成长的故事。

长大后的斑点为了守护自己的家人，不再遭受独眼龙的攻击，带领整个家族找到了更好的生存家园。

　　"叔叔，恐龙们都会像斑点一样过着群居的生活吗？它们会守护自己的家人吗？"

　　"我也不太清楚。说不定恐龙就像电影里那样，是一种社会性动物呢。不过，通过观察在韩国发现的恐龙骨化石，部分学者认为一些草食性恐龙可能是群居生活的。"

　　草食性恐龙中有一种叫慈母龙，意思是**"好妈妈蜥蜴"**，极其疼爱自己的孩子。慈母龙会一直照顾孩子，直到小恐龙们可以自己猎食为止。这段时间长达 10 年之久。

　　"恐龙的习性虽然还没有被科学准确地证实，但通过各种化石和资料进行推测，再加上人类**丰富的想象力**，出现了很多有意思的故事。"

想象成真

叔叔反复强调，电影或动画片里恐龙的模样并不全是没有科学依据的。

"电影或动画片里的**想象**有时候也会成为**现实**。电影《侏罗纪公园》中的肉食恐龙——伶盗龙体长3米，是一种巨型的恐龙。当时研究恐龙的学者们纷纷指责说，电影里的伶盗龙**体型过大**。"

"伶盗龙是小型恐龙吗?"

"根据当时发现的化石，学者们推测伶盗龙的体长为2米。但后来，人们又发现了实际体长达到3米的巨型伶盗龙化石。"

"学者们竟然赶不上电影制片人的想象力!"

伶盗龙

没关系。有时候想象力会给恐龙复原工作带来帮助。

最近发掘了一个体长3米的伶盗龙化石，之前我们总是坚持过去的论断……

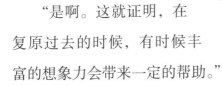

翼龙

"是啊。这就证明，在
复原过去的时候，有时候丰
富的想象力会带来一定的帮助。"

电影《侏罗纪公园 2》中有一个翼龙像鸟儿一
样**轻盈**飞落的场面，在学术界内引起了强烈反响。他
们认为翼龙在展开翅膀时，双翅的长度可达 10 米，
因此不可能像鸟儿一样飞翔。但经过长时间的研
究，发现翼龙确实像鸟儿一样飞翔。叔叔说，
虽然翼龙和恐龙有着很亲近的关系，但它并
不是恐龙，而是飞行爬虫类动物。

"电影中还有一个场面，草食恐龙腕
龙抬起前肢，采食树枝上的叶子。学者
们认为这绝不可能。"

腕龙

"真的吗?"

我**瞪大眼睛**问道。

"经过大量的化石研究发现，巨
型恐龙的后肢十分健壮，即便是在它
们抬起前肢的时候，也足以支撑起
整个身体的重量。最后，学者们
认同了这一场面。"

在电影或动画片中，人们根据恐龙的实际样子，发挥想象力，从而制作出全新的恐龙。因此就有了电影《侏罗纪公园3》中皮肤颜色**花花绿绿**的恐龙。电影中将生活在河边的恐龙设计为绿色，还制作出了长有体毛的恐龙。

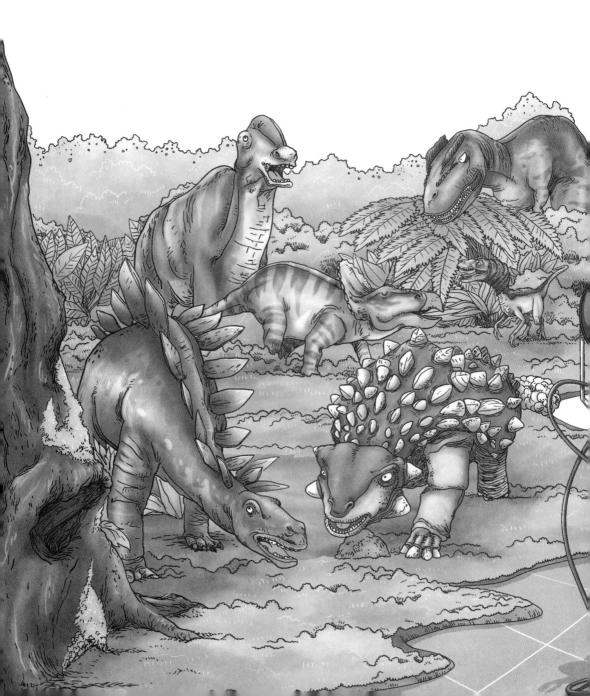

但是最近有学者认为这样的恐龙并不只是单纯的想象。随着胸部长有体毛的恐龙化石被发掘，一些学者认为霸王龙在年幼的时候，身体上长有**绒毛**，成年之后，绒毛便逐渐脱落。

"可以看出，对于恐龙或对于过去地球环境的一些艺术想象，正和现实中的科学技术一起，发现了许多全新的事实。"

"哇，电影制片人的想象力真是了不起。通过化石竟然了解了这么多全新的事实，简直太令人震惊啦。"

电影里的恐龙

"恐龙第一次出现在电影里是什么时候啊?"

"1908 年,电影《原始人》中第一次出现了恐龙。影片讲述了原始人为了生存,和恐龙进行斗争的故事。那个时候电影里的恐龙形象多半是**可怕**的怪兽。之后,1914 年美国拍摄了电影《恐龙葛蒂》,1933 年拍摄了恐龙和大猩猩金刚展开一场生死搏斗的电影《金刚》。1954 年上映了日本拍摄的科幻电影《哥斯拉》。这一时期,电影里出现的恐龙都是凶残可怕的形象。直到 1980 年上映的动画片《小恐龙多利》,**才改变了恐龙在电影里的形象**。"

"这个我也知道。动画片《小恐龙多利》的开头讲述了一只名叫多利的小恐龙被困在冰川碎块中,随着冰川碎块流入韩国首尔的汉江。然后冰川碎块融化,多利苏醒过来。虽然它有时候会因为自己的

1914 年《恐龙葛蒂》
影片讲述了恐龙和驯兽师之间的故事。当时这是一部用于剧院表演的动画片,具有划时代的意义。

1954 年《哥斯拉》
哥斯拉是一只由于核武器而被唤醒的类似于恐龙的怪兽,这是一部反映社会现实的电影。

超能力闯一点小祸，但是它和它的朋友们——一家之主高吉东、小朋友喜东东、外星人多吴娜以及鸵鸟多池互相帮助，一起快乐地生活。"

"是啊，因为在这部电影里多利和人类和谐相处，所以对于韩国人来说，恐龙的形象也变得**亲近**起来。"

1993 年上映的电影《侏罗纪公园》，栩栩如生地再现了生活在中生代时期的恐龙。看过电影的人们开始成为狂热的恐龙爱好者。之后上映的电影《恐龙》，采用精湛的绘图技术，更加**细致**地展现了恐龙的形象。

"电影《恐龙》以中生代白垩纪时期为背景。虽然残暴的食肉牛龙袭击了禽龙阿拉达的栖息地，但是阿拉达活了下来，它和一群狐猴一起**平静地生活**在一个小岛上。

但是，有一天，一颗巨大的流星撞击地球，毁灭了它们生活的小岛。阿拉达和朋友们一起去寻找安全的栖身之地。这时候，它们遇到了一群恐龙。凶残的食肉牛龙想要捕食恐龙，阿拉达勇敢地站出来和它进行搏斗。最终，阿拉达和同伴们平安无事地找到了新的

1993 年《侏罗纪公园》
由史蒂文·斯皮尔伯格执导，是一部充满了惊险和刺激的恐龙电影。

2000 年《恐龙》
电影结合实拍和 3D 技术，画面生动自然，连恐龙的皮肤也十分逼真。

家园。"

"没想到讲述恐龙的电影这么多啊。"

韩国也拍摄了很多以恐龙为素材的电影。19 世纪 60 年代金基德导演拍摄的电影《大怪兽龙卡利》和 1999 年沈炯来导演拍摄的电影《怪兽大决战》，都获得了全世界的好评，影片出口多个国家。

"《怪兽大决战》不是最近上映的电影吗？"

"沈炯来导演利用全新的技术翻拍了这部电影，新电影更加逼真、更加精彩。这部电影拍得非常棒，之前看过的电影根本无法和它相提并论。"

"过去的电影怎么样啊？"

"电影《怪兽大决战》的开头讲述了一位研究恐龙化石的学者发现了一块体型比霸王龙还要大上 50 倍的恐龙化石。之后这具化石偶然间被闪电击中，受到电力冲击而复活。因为过去不像现在这样拥有发达的电脑绘图技术，所以没有办法在荧幕上展现出这样的故事。"

"最近拍的这部新片，好像就发生在眼前似的，特别真实。"

"是啊。《怪兽大决战》里

的画面特别精彩、刺激，让观众跟着一起提心吊胆。这些年，技术真的是发展得太快了。"

叔叔笑着说。

过去，人们不太了解恐龙的时候，认为恐龙只不过是一种庞大、凶猛、可怕的动物。关于恐龙吃什么、怎样生活、寿命有多长，一无所知。甚至连想象都不曾有过。

但是随着时间的流逝，一些逐渐了解恐龙的人开始在事实的基础上**发挥丰富的想象力**，从而诞生了很多有趣的恐龙。

"我觉得最近人们开始对恐龙感兴趣了，真是太好了。"

"为什么？"

"因为恐龙的关系，人们才开始想了解地球过去的面貌，难道不是吗？"

唤醒恐龙的人们

"叔叔，你为什么要挖掘和研究化石呢？"

"因为叔叔是古生物学家，我的工作就是研究化石。而且，我希望将来可以成为一名恐龙复原专家，所以更要努力地研究恐龙化石了。"

"恐龙复原专家是什么？"

"简单地说，就是把沉睡了无数年的恐龙唤醒的人，把恐龙复原出来给我们看。"

恐龙复原专家们不仅要分析化石，还要**复原出形象逼真**的恐龙模型，在收集到的骨化石上还原出恐龙的肉体，并向其中注入气息，就好像真正的恐龙出现在人们的面前。

"恐龙复原专家们复原出来的恐龙，会在各种展览会上展出，也会被捐赠给博物馆。而且电影或动画片中的恐龙形象也是出自恐龙复原专家之手。"

阿马加龙化石
恐龙复原专家们利用 1994 年挖掘出的化石，复原出阿马加龙的骨架。现在这副恐龙骨架陈列于澳大利亚墨尔本博物馆中。

1992 年，人们在阿根廷阿马加村发现了巨大的阿马加龙骨化石。恐龙复原专家们复原出身高约 2.5 米，体长约 10 米，体重约 3.3 吨的巨型阿马加龙骨架，并把它**陈列在博物馆中**。

"恐龙复原专家正在努力地复原出科学的、真实的、漂亮的恐龙。电影《侏罗纪公园》里的恐龙都是恐龙复原专家们经过科学验证之后制作出来的模型。当然了，因为人们从来没有见过恐龙，所以恐龙复原工作还是有一定的**局限性**。"

恐龙复原专家是一份需要毅力和耐心的职业。因为想要复原出一头恐龙，大约需要 6—8 个多月的时间。复原一头恐龙所需要的骨化石，少则 100—200 块，多则 300—400 块。因为要拼凑这么多块骨化石，所以会花费很长的时间。

"恐龙复原专家还必须具备丰富的**想象力**。我之前说过，恐龙皮肤的颜色是想象出来的。但是我们可以通过化石获取**科学依据**，制作出恐龙皮肤上的细纹和身上的小凸起。因此，恐龙的皮肤、脚爪的长度、四肢的长度、体型等都和现实中的恐龙十分相似。但是，恐龙复原专家们表示，除皮肤的颜色之外，还有一些很难复原的部位，比如恐龙的眼皮、嘴唇和口腔。"

"那这些部位是怎么制作出来的？"

"因为这些部位并没有形成化石保留下来，所以恐龙复原专家也只能凭想象制作。他们大多会参照像蜥蜴这样的爬虫类动物进行制作。因为恐龙也是爬虫类动物，所以专家们认为它们的长相可能会很相似。实际上，我们在化石上发现了恐龙皮肤的细纹留下的痕迹，**恐龙的皮肤和现在的爬虫类动物十分相似**。"

到目前为止，全世界复原的恐龙大概有 800 多种。当然，远古时期生活的恐龙不计其数。因为我们现在还没有挖掘出足够多的化石，因此能够推测出形态进行复原的恐龙也只有这 800 多种。

韩国为了成功地复原恐龙，也花费了很长的时间。经过长期研究，韩国的恐龙复原专家们利用在宝城郡发现的化石，复原出宝城韩国龙；利用在京畿道华城市前谷港发现的化石，复原出华城韩国角龙。经过两年的研究，专家们终于证实了韩国角龙是生活在朝鲜半岛上的角龙类恐龙。

"韩国的土地上过去曾经生活过很多恐龙。"叔叔开心地说，"现在有许多研究团队正在努力地研究在韩国土地上发现的恐龙化石，今后一定会**复原出更多的恐龙**"。

　　"可只有出现更多的恐龙复原专家，才能看到更多**栩栩如生的恐龙模型**，难道不是吗？"

　　听完叔叔的话，我点了点头。

我和叔叔谈论着化石，不知不觉天已经黑了。

原以为来见叔叔会无聊透顶，但万万没有想到，却是这么别开生面、趣味盎然的一天。我甚至开始打心眼里感谢叔叔邀请我来化石挖掘基地。

我重新认识了我的骨棒叔叔。

"我的梦想是成为一名恐龙复原专家，把曾经生活在我们国家的恐龙完美地复原出来，然后介绍给大家。"

满脸幸福地吐露自己梦想的叔叔，简直帅呆了。

"好了，该睡觉了。祝你做个好梦，梦见那些可爱的恐龙朋友。"

"这么快就到睡觉的时间啦？我睡不着……"

我一时难以入睡。一想到我躺下的这里的某个地方正沉睡着一头恐龙，我的心就激动地跳个不停。

"真希望能够在梦里看到恐龙……"

这样想着想着，我不知不觉地合上了眼睛。

本章要点回顾

 电影中的恐龙和现实中的恐龙长得一样吗？

 电影中的恐龙是基于化石挖掘和研究结果制作出来的。到目前为止，古生物学家们通过研究，了解了恐龙的大小、食性、生活习惯等。电影基于这些事实，制作和还原出了恐龙的长相和生活方式。但是还有一些未知的事实需要发挥想象力来制作完成。

1993 年《侏罗纪公园》

例如，因为化石中没有留下决定皮肤颜色的色素，所以我们无法通过化石了解恐龙皮肤的颜色。只能通过和恐龙最相似的爬虫类动物的皮肤颜色进行推测，再现恐龙的皮肤。一般我们见到的恐龙都是褐色或绿色，这些都是想象而来的。此外，电影中恐龙的叫声也是通过想象制作出来的。

电影中的恐龙是什么形象？

电影中的恐龙，有的露出锋利的牙齿，狂哮怒吼，十分可怕，有的愿意亲近人类，温顺可爱。

动画片《小恐龙多利》中的恐龙和人类非常亲密。电影《侏罗纪公园》中的恐龙则追捕和伤害人类，十分可怕。

恐龙的真实性格我们无法获知。因为要想了解恐龙的性格，必须掌握恐龙的大脑构造和各种行为方式。现在，学者们正在研究恐龙的生活习性等，随着研究成果的不断出现，将来我们一定可以知道恐龙在现实生活中究竟是可怕的怪物，还是温顺的动物。

Q 禽龙真的有表情吗?

2000 年电影《恐龙》

A 　　电影《恐龙》以中生代白垩纪时期为背景，描绘了 30 多种恐龙。电影的主人公是一头名叫阿拉达的禽龙。阿拉达在电影中拥有丰富的表情。

　　但是学者们通过研究化石发现，禽龙的面部没有肌肉，它的嘴巴尖细，给人一种十分冷酷的印象。尤其是它的吻部长有像爪子一样尖锐的喙，因此禽龙很难做出表情。学者们对生活在现在的爬虫类动物——鳄鱼进行观察后发现，鳄鱼的面部也没有什么表情。因此推测恐龙没有表情。

 Q 从事恐龙复原工作的有哪些人?

 A

　　把挖掘出来的恐龙骨化石拼凑起来，复原出恐龙的模样，需要科学和艺术的结合。因此，从事恐龙复原工作的人有古生物学、解剖学、艺术等多个领域的专家学者。古生物学家作为研究化石的科学家，从化石中获取新的信息。解剖学家因为非常了解生物的身体构造，所以能够给恐龙复原工作带来很大的帮助。

　　再现恐龙的动作和皮肤，需要艺术家们的艺术才华。只有各个不同领域的专家学者们共同努力，才能够准确地把握艺术和科学之间的平衡，成功地复原出恐龙。

核心术语

矿物

组成岩石的颗粒物。矿物有石英、长石、云母等 2500 多种。两种或两种以上的矿物组合在一起，可以形成岩石。

蛋白质

主要包含在肉类和豆类中，是形成动物肉体和肌腱的营养素。

蜥蜴

爬虫类动物。体长约 8 厘米，其中尾巴的长度可达到 4 厘米。大部分蜥蜴的身体呈圆筒状，长有长长的尾巴和四肢。它们白天休息，晚上捕食昆虫，只在夜间活动。

列奥纳多·达·芬奇

文艺复兴时期意大利最著名的天才画家、科学家、发明家和思想家。达·芬奇最大的成就是绘画，获得了极高的评价。他在雕刻、建筑、土木、数学、科学、音乐等领域也展现出了惊人的才华。达·芬奇还对解剖学和动物学表现出浓厚的兴趣，做过大量的研究。

猛犸象

新生代时期的哺乳类动物，大约在 1 万年前，从地球上灭绝。身高约 4 米，体重惊人，重达 5—10 吨。全身覆盖有褐色的长毛，长相和现在的大象十分相似。为了防止热量的散发，猛犸象的耳朵比大象的小很多。

曼特尔

英国的医生、地质学家和古生物学家。曼特尔主要研究中生代时期的古生物。他发现了禽龙、林龙、畸形龙和雨蛙龙。曾写过关于化石和地质学方面的书籍。

细菌

非常小的生物。依附在其他生物体上生活，导致其他生物发酵或腐烂，还会引发各种疾病。

氧气

无色无味，是生物呼吸、获取能量，以及物体燃烧时所必需的气体。

三叶虫

一种海洋生物，大量繁殖于古生代时期，背部长有坚硬的外壳。从古生代的寒武纪时期到二叠纪时期，三叶虫生活在浅海或海底淤泥中。三叶虫化石是可以在形成于古生代时期的地层中找到具有代表性的标准化石。

水蒸气

水的气体形式。当水被加热到一定温度（100℃）以上时，水就变成了水蒸气。

菊石

一种海洋生物，大量繁殖于中生代时期。外壳上有类似菊花的线纹。菊石化石是可以在形成于中生代时期的地层中找到的具有代表性的标准化石。

氨气

一种无色的气体，散发出类似臭鸡蛋腐烂时的刺激性气味。

岩石

覆盖在地球表面的坚硬物质。不仅覆盖在陆地上，还覆盖在海洋底部。大致可分为火成岩、沉积岩和变质岩三种类型。

南方古猿

远古时期的人类。通过南非发现的化石，我们知道了南方古猿的存在。脑容量只有现代人类的三分之一。可以直立行走和用两只手使用工具。

熔岩

既指火山爆发时喷出来的液体物质或岩浆穿透地表脆弱的地方，流到地面上的液体物质，也用来表示这些液体物质混合在一起，冷却后石化形成的岩石。

陨石

进入大气中的陨星坠落的时候，散落在地面上的没有燃烧尽的陨星残体。

月石

月球表面的石头。

二氧化碳

碳与氧反应生成的化合物，碳完全燃烧时产生的无色无味的气体。二氧化碳既存在于我们呼吸出来的气体当中，也存在于空气当中。

爬虫类

皮肤上面覆盖有类似鳞片或硬甲的角质物的脊椎动物。因为身体内可以保存水分，所以能够在干燥的地区存活下来。受精卵被包在外壳里，没有干死的危险。因此，爬虫类能够在陆地上产卵，繁衍后代。

智人

远古时期的人类。有埋藏尸体的习俗。能够制造和使用工具，会使用语言和文字。

能人

远古时期的人类。通过东非发现的化石，我们才知道了能人的存在。大约150—200万年前，生活在非洲地区。

图书在版编目（CIP）数据

唤醒灭绝的生物 /（韩）徐智云，（韩）赵显学著；（韩）
朴淑英绘；秦美玲译 . 一上海：上海科学技术文献出版社，2021
（百读不厌的科学小故事）
ISBN 978-7-5439-8202-4

Ⅰ . ①唤… Ⅱ . ①徐… ②赵… ③朴…④秦… Ⅲ . ①恐
龙一少儿读物 Ⅳ . ① Q915.864-49

中国版本图书馆 CIP 数据核字（2020）第 200083 号

Original Korean language edition was first published in 2015
under the title of 멸종 생물을 깨워라 - 롤러코스터가 사라졌다 - 틈만 나면 보고 싶은 융합과학 이야기
by DONG-A PUBLISHING
Text copyright © 2015 by Seo Ji-weon, Cho Seon-hak
Illustration copyright © 2015 by Park Soo-young
All rights reserved.

Simplified Chinese translation copyright © 2020 Shanghai Scientific & Technological Literature Press
This edition is published by arrangement with DONG-A PUBLISHING through Pauline Kim Agency,
Seoul, Korea.

图字：09-2016-379

选题策划：张　树
责任编辑：王　珺
封面设计：徐　利

唤醒灭绝的生物
HUANXING MIEJUE DE SHENGWU

[韩]具本哲　主编　[韩]徐智云　[韩]赵显学　著　[韩]朴淑英　绘　秦美玲　译
出版发行：上海科学技术文献出版社
地　　址：上海市长乐路 746 号
邮政编码：200040
经　　销：全国新华书店
印　　刷：昆山市亭林印刷有限责任公司
开　　本：720mm×1000mm　1/16
印　　张：8.5
版　　次：2021 年 1 月第 1 版　2021 年 1 月第 1 次印刷
书　　号：ISBN 978-7-5439-8202-4
定　　价：38.00 元
http://www.sstlp.com